바이오매스의 에너지 변환기술

박대원 저

WBE 서울과학기술대학교
폐자원바이오매스에너지화센터
WASTE-RESOURCE BIOMASS ENERGY CENTER

A-JIN 도서출판 아진

**"내가 가는 길을 그가 아시나니 그가 나를 단련하신 후에는
내가 순금 같이 되어 나오리라 (욥23 : 10)"**

머리말

바이오매스는 지속가능한 방식으로 미래 에너지 수요를 충족시킬 수 있는 가장 유용한 원료로서 이미 세계 재생에너지 시장에서 상당한 비율울 차지하고 있으며 열과 전기 생산을 넘어 수송연료로 활용하는 등 그 영역을 넓혀가고 있다. 최근 자료에 의하면 바이오매스가 공급하는 에너지량은 전 세계 에너지 소비의 10%를 차지하고 있다.

지속가능성의 한계를 고려한 바이오매스를 이용한 에너지 가용량은 2050년까지 약 360억 Mtoe에 이를 것으로 추산되고 있다. 이와 같이 막대한 가용량을 가진 바이오매스의 활용을 위해서는 몇 가지 문제를 해결해야 한다. 첫 번째는 바이오매스 생산 비용을 줄여야 한다. 두 번째는 바이오매스 공급을 위한 적절한 공급망의 기반 시설이 필요하고 세 번째는 바이오매스 생산에 따른 환경문제를 해결해야 한다.

바이오매스의 이용이 증가하게 되면 식품생산에 필요한 토지 이용과 경쟁이 심화될 수 있으며 이를 해소하기 위해 지속가능한 생산 및 수요에 대한 관리가 필요하다. 국제적으로도 지속가능한 바이오매스 생산과 관리를 촉진하기 위한 협력이 필요하다. 장기적인 바이오매스 에너지의 효율적 이용을 위해서는 정부와 산업계의 노력이 필요하며 바이오매스 수율 증가와 효율적인 에너지 생산으로 이어지도록 하여야 한다.

바이오매스의 에너지 전환 기술은 물리적 특성과 원료의 화학 성분에 따라 다양하게 적용되고 있으며, 에너지 서비스(난방, 전력, 수송연료 등)에 따라 다양하게 응용되고 있다. 바이오매스의 직접 연소를 통한 열 생산은 전 세계적으로 바이오에너지 응용산업을 주도하고 있으며 화석연료의 대체 연료로서 비용 경쟁력도 갖추고 있다. 바이오매스를 더 효율적으로 이용하기 위해서 열병합을 통해 대규모 난방에 활용되고 있으며 전기생산과도 결합하고 있다.

수송 분야에서 1세대 바이오연료는 일부 국가에서 널리 보급되고 있다. 녹말이나 설탕 농작물을 이용한 바이오에탄올, 오일 농작물 및 지방으로 만든 바이오 디젤 등이 연료로 사용되고 있다. 이러한 1세대 바이오 연료는 사회적·환경적 문제에 부딪치고 있으며 지속가능성 보장 및 향상을 위해 2세대 기술 개발이 활발히 추진되고 있다. 이외에도 조류를 이용한 수송 연료 생산 기술 개발이 활발히 진행되고 있다.

본 책은 바이오매스를 이용한 에너지 생산을 위하여 에너지 전환 기술을 소개하고자 한다. 바이오매스의 에너지 전환기술을 열화학적 전환기술, 생물학적 전환기술, 화학적 전환기술로 나누어 최근에 문헌에 보고된 내용을 중심으로 서술하고 있습니다. 그리고 바이오매스를 에너지로 전환하는 과정에서 에너지 밸런스를 통하여 바이오매스 경작에서부터 생산까지 전과정에 투입되는 에너지와 생산된 연료가 가지는 에너지를 비교하여 energy ratio를 이용하여 분석해 보는 내용도 포함하고 있습니다.

본 책이 마련되기 까지 원고 정리, 편집에 수고해준 이준철군과 출판사에 감사하며 국내 바이오매스 에너지의 발전에 기여할 수 있기를 바랍니다.

2013. 2

박대원

차 례

Chapter 1. 서론

Chapter 2. 바이오매스의 열화학적 전환

Chapter 3. 바이오매스의 생물학적 전환

Chapter 4. 바이오매스의 화학적 전환

Chapter 5. 바이오매스 에너지 생산에서 에너지 밸런스

Chapter 1

서 론

1. 바이오매스 에너지

바이오매스는 식물을 의미하는 "phyto"와 "mass"의 합성어로 "pytomass"라고 불려지기도 하나 최근에는 식물뿐만 아니라 자연계 내에서 광합성에 의해서 생성된 식물체와 이들을 이용하는 동물 등으로 생명주기를 다한 후에 순환되어 재생 가능한 생물 유래의 유기성 자원으로 정의할 수 있다. 인간은 바이오매스인 목재를 오래전부터 연료로 사용하여 왔지만 1970년대에 석유쇼크에 의해 대체 에너지 개발의 하나로 바이오매스를 이용한 에너지를 생산하는 기술 개발이 미국을 중심으로 활발히 진행되기 시작했다.

최근 들어 바이오매스는 전기/열 에너지, 수송용 연료, 화학물질 생산 등을 위한 원료로 이용되고 있다. 전통적으로 바이오매스는 직접소각을 통해 이용되고 있으며 이 때 발생되는 대기오염물질 (분진, SO_x, NO_x 등)은 석탄을 사용할 때 보다 낮은 것으로 알려져 있다. 예를 들어 SO_2의 경우 석탄보다 90% 이상 적은 양을 배출하는 것으로 알려져 있다. 이와 같이 바이오매스를 에너지원으로 이용할 경우 다양한 장점을 얻을 수 있다.

표 1-1. 바이오매스에너지의 특징

장점	단점
재생 (Renewable)가능 에너지원 지속가능한 (Sustainable) 에너지원 다양한 유기물질로 구성 석유 대체 가능 지구전체적으로 고르게 분포 환경친화적인 청정에너지원	에너지 밀도가 낮다 공급에 있어서 계절적인 제한 식량문제와 연계 삼림생태계의 파괴 우려

바이오매스는 오랫동안 인간에게 중요한 에너지원이었고 현재도 세계에너지의 에너지공급량 중에서 10 -14% 정도 기여하고 있다. 바이오매스는 대체로 전기 또는 열에너지, 수송용 연료, 화학물질 합성을 위한 원료 등 3가지 형태의 연료로 전환될 수 있다. 전통적으로 바이오매스는 연소를 통해 사용되어왔지만 분진, SO_2, NO 등의 대기오염물질의 배출량은 석탄을 사용할 경우 보다 90%정도 저감할 수 있다. 에너지원으로서의 바이오매스는 최근 다음과 같은 이유로 관심을 많이 받고 있다.

- 바이오매스는 재생가능하며, 환경친화적이며 지속가능한 면을 가지고 있다.
- 바이오매스는 구조적인 특징을 가진 다양한 물질을 제공한다.
- 바이오매스 사용이 증가하면 화석연료의 수명을 연장한다.
- 바이오매스는 황 함유량이 적으며 따라서 산성비의 원인되는

황화물의 배출을 저감시킨다.

- 바이오매스의 소각은 석탄의 소각 보다 적은 양의 소각재를 생산한다.
- 바이오매스의 소각 시 발생되는 소각재는 토양첨가재로 활용할 수 있다.
- 바이오매스는 대체로 국내에서 발생되는 것을 사용하여 가격변동에 민감하지 않다.
- 바이오매스는 청정연료원으로 역할을 담당한다.
- 바이오매스의 사용은 이산화탄소의 배출을 저감할 수 있고 대기 중에 이산화탄소의 농도를 저감시킬 수 있다.

2. 바이오매스의 종류

바이오매스는 자연계 내에서 광합성에 의해서 생성된 식물체와 이들을 이용하는 동물 등으로 생명주기를 다한 후에 순환되어 재생가능한 생물 유래의 유기성 자원으로 정의 할 수 있다. 바이오매스는 농업계, 산림계, 폐기물계로 나눌 수 있다. 표 1-2에서와 같이 농업계에서 발생되는 바이오매스에는 볏짚, 왕겨, 미강, 쇄미 전정가지, 유채, 축산분뇨 등을 들 수 있다. 산림계에서는 숲가꾸기, 임산부산물 등이 있으며 폐기물계에서는 음식물류, 생활폐목재, 폐식용유, 유기성 오니, 분뇨, 동식물성잔재물, 사업장폐목재, 폐식용유 등을 들 수 있다.

표 1-2. 바이오매스의 종류

구분			바이오매스 종류
농업계	농산	수도작	볏짚, 왕겨, 미강(쌀겨), 쇄미(싸라기), 청미 등
농업계	농산	과수	전정가지
농업계	농산	에너지 작물	유채
농업계	축산		축산분뇨
산림계			숲가꾸기, 임산부산물
폐기물계	생활계		음식물류폐기물, 생활폐목재(폐가구, 가로수 전지목)폐식용유
폐기물계	사업장계		유기성오니류, 분뇨, 동식물성잔재물, 사업장 폐목재, 폐식용유

바이오매스는 태양에너지 중에서 가시광선의 에너지가 엽록소에 흡수되어 물과 대기 중의 이산화탄소로부터 탄수화물을 만든다. 이와 같은 광합성 과정을 위해서 식물은 태양에너지 중에서 0.1%를 사용하여 다음과 같은 반응을 이루어낸다.

$$CO_2 + H_2O + \text{light} \xrightarrow{\text{엽록체}} CH_2O + O_2$$

위의 반응을 일어날 수 있도록 가능하게 하는 것은 식물에 엽록체라고 하는 색소가 있기 때문이다. 엽록체의 크기는 1/200 mm

로 식물의 잎의 색이 녹색인 것은 바로 엽록체 속에 녹색의 색소가 함유되어 있기 때문이다. 이와 같은 엽록체로 인해 태양에너지의 일부를 화학결합의 에너지로 전환하여 저장하기 때문에 바이오매스는 다음과 같은 열량을 가지게 된다.

표 1-3. 바이오매스의 열량

Biomass	Heating value (MJ dry kg^{-1})
Wheat straw	17.9
Rice straw	16.8
Almond branches	18.4
Olive kernels	18.9
Ptolemais lignite	16.9
Forest residue	19.5
Hazelnut shell	15.4
Safflower seed	23.8
Rapeseed	26.7
Cotton seed residue	16.9

출처: R.C. Saxena et al. / Renewable and Sustainable Energy Reviews, 13, 167-178(2009)

3. 바이오매스의 구성 성분

바이오매스의 구성 성분은 사용하고자하는 연료형태를 결정하는 데 중요한 요소이다. 특별히 바이오매스를 구성하고 있는 물질의 화학적 구조나 물리적 특성을 이해하는 것은 연료화하는 과정에서 필요하다. 바이오매스는 cellulose, hemicellolose, lignin 등의 3성분으로 이루어져 있고 바이오매스의 종류에 따라서 이들 성분의 성분비가 다르게 구성되어 있다.

Cellulose는 D-glucose ($C_6H_{10}O_5$)가 β-1,4결합으로 연결된 사슬모양으로 이루어진 고분자 중합체(polymer)로서 평균 분자량은 100,000 정도이다. Cellulose는 식물체 건조중량의 1/3 - 1/2 을 차지하며 세포벽의 주성분이다. 섬유소는 물, 에탄올, 에테르 등에 용해되지 않는 물질로서 암모니아 용액 이외에는 거의 녹지 않는다. 일반적으로 알칼리에는 강하나 산에는 가수분해되어 글루코스가 된다. 목질부에서는 리그닌과 단단히 결합하고 있다.

Hemicellolose는 식물세포벽에 존재하는 cellolose 이외의 모든 다당류를 가리킨다. 주요한 다당류로는 크실란(글루쿠로노아라비노크실란), β-1,3-글루칸, β-1,4-글루칸, 크실로글루칸, 글루코만난 등이 있다. 평균분자량은 30,000이내로 glucose, mannose, xylose, arabinose, methlyglucoronic, galaturonic acids 등으로 구성되어 있다.

Lignin은 식물의 목질부를 형성하는 주요물질로 cellulose, hemi cellulose 등과 결합되어 있으며 기본 구성단위는 phenyl propane 이다. 그 함량은 식물의 생육기간과 비례하며 다량의 메틸기(14~21%)를 함유하고 있는 것으로 알려지는데 알칼리에는 불안정하나 산에는 안정하다.

4. 바이오매스의 에너지화 기술

바이오매스 이용기술은 크게 생물학적 전환과 열화학적 전환으로 나눌 수 있다. 대개 바이오매스가 가지고 있는 수분의 양에 따라 결정될 수 있는데 수분의 양이 많은 경우에는 생물학적 전환 방법이 경제적이며 수분의 양이 적을 때에는 열화학적 전환 방법이 경제적이다. 생물학적 전환방법은 미생물을 이용한 발효반응으로 메탄을 생성하는 혐기성 발효, 에탄올과 수소를 생산하는 발효, 에탄올, 아세톤과 부탄올의 혼합물형태로 생산하는 발효 등을 들 수 있다. 열화학적 전환은 기존의 소각을 통한 열을 이용하는 방법을 포함해서 열화학적 전환을 위한 중간단계인 고형연료화와 탄화를 들 수 있고, 무산소 조건하에서의 열분해를 통한 바이오 오일 생산과 가스화 등을 들 수 있다.

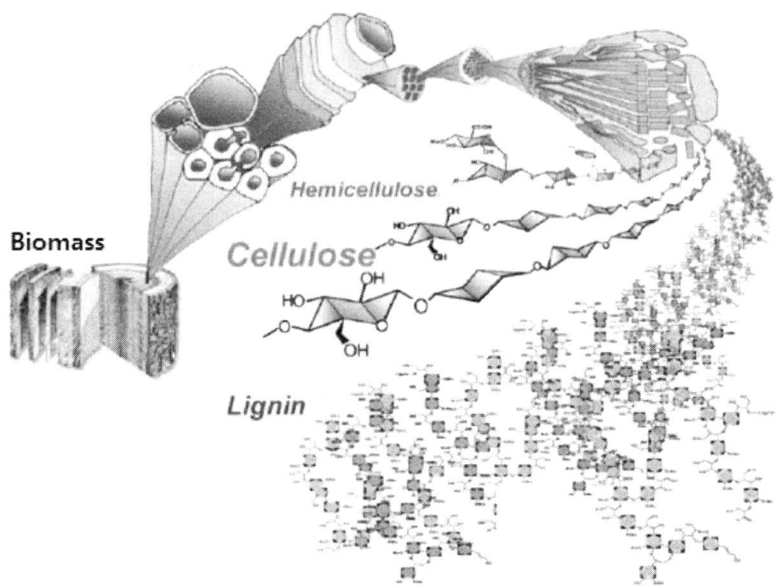

그림 1-1. Composition of biomass

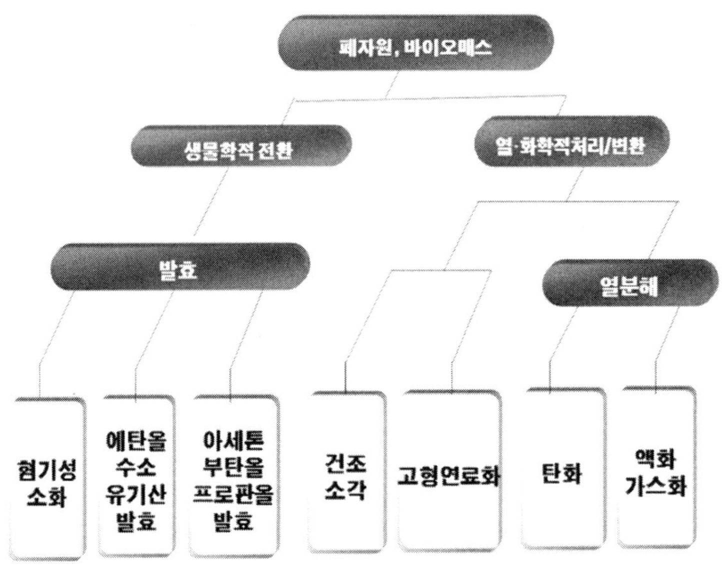

그림 1-2. 폐자원 바이오매스의 에너지화 기술

바이오매스의 에너지화 기술을 연료 형태로 다시 분류해 보면 액체연료를 포함해서 가스연료와 고체연료로 나눌 수 있고 이외에 전기 열 생산 기술과 에너지 작물을 생산하는 바이오매스 생산기술 등으로 나눌 수 있다. 바이오매스를 액체연료 형태로 생산하는 기술로는 아세톤, 에탄올, 부탄올 등을 생산하는 생물학적 연료용 알코올 생산 기술이 있고 바이디젤을 생산하는 기술을 들 수 있다. 이외에도 바이오매스를 이용하여 ETBE와 메탄올을 생산하는 기술 등을 들 수 있다. 가스연료 생산기술로는 혐기소화에 의한 메탄가스 생산 기술을 포함해서 혐기발효과정에서 생산되는 수소와 바이오매스의 열화학적 전환으로 생산되는 가연성 합성가스 등을 들 수 있다. 고체연료 생산기술로는 다양한 열화학적 전환방법으로 전화하는데 적합한 고체연료로 전환하는 RDF(Refuse Derived Fuel), 탄화, torrefaction 등의 기술 등을 들 수 있다.

바이오매스를 연료로 전환하는 기술 외에 가스화복합발전 (IGCC, Integrated Gasification Combined Cycle)과 소각을 통해 생산되는 전기, 열과 스팀을 생산하는 기술 등을 들 수 있다. 또한 바이오매스를 확보하기 위해서 에너지 작물을 생산하고 가공하는 기술 등을 들 수 있고 광합성 반응을 이용하여 이산화탄소를 고정함으로서 다양한 조류(Algae) 바이오매스를 생산할 수 있는 기술 등을 들 수 있다.

표 1-4. 바이오매스의 에너지화 기술

대분류	중분류	생산에너지형태
액체연료생산기술	생물학적 연료용알코올 생산기술	Ethanol (자동차 연료)
	생물학적바이오디젤 생산기술	Biodiese l(자동차 연료)
	기타 열·화학적 전환기술	EBTE, Methano l(자동차 및 화학연료)
가스연료생산기술	혐기소화에 의한 메탄가스 생산기술	Methane, LFG (전기, 열에너지원 이용)
	바이오수소	바이오 수소 (전기, 화학 연료)
	바이오매스 가스화기술(열, 화학적 변화	각종 가연성가스 (전기, 열에어지원 이용)
고체연료생산기술	기계적 변환기술	대체탄, Woodchip, RDF, 하수슬러지 등 (전기, 열에너지원)
전기, 열 생산기술	가스화복합발전, 직접소각	전기, 열, 스팀
바이오매스 생산기술	에너지작물 생산, 가공기술	에너지작물, 균체생산, 육종, 수집·가공 기술
	생물학적 CO_2 고정화 기술	각종 Chemical Feedstock

5. 바이오매스 에너지 이용현황

현재 전 세계에서 사용되는 화석연료(석유, 석탄, 천연가스 등)는 에너지 사용량의 80%를 차지하고 있다. 화석연료의 사용은 지구 온난화, 산성비, 도시의 스모그 등 여러 가지 환경 문제를 유발하고 있으며 매장량은 향후 40∼50년 안에 고갈이 될 것으로 예상되고 있다. 따라서 화석연료의 사용으로 인한 탄소배출을 저감하기 위한 노력들이 전 세계적으로 이루어지고 있으며 지속가능하고 환경적으로 무해한 태양광, 풍력, 바이오매스 등과 같은 재생가능한 에너지원의 사용을 위해 노력을 경주하고 있다. IPCC(Intergovermental Panel on Climate Change)는 화석연료의 사용이 지속되면 1990년부터 2100년까지 지구의 온도가 1.4∼5.8℃ 정도 증가할 것으로 예상하고 있다.

표 1-5. 세계 에너지원별 사용량

에너지원	에너지 (EJ)	%
Coal	121	25.3
Oil	168	35.0
Natural gas	99	20.7
Nuclear	30	6.3
Hydropower	11	2.2
Combustible rewables and waste	48	10.0
others	2	0.5

출처: J. Heinimo et al. / biomass and bioenergy, 33, 1310-1320(2009)

최근에 세계 에너지 공급원에서 차지하는 재생에너지 10∽15% 정도이고 바이오매스가 기여하는 부분은 선진국에서는 9∽14%를 차지하고 있다. 개발도상국에서의 비중은 더 높아서 1/5에서 1/3까지로 조사되고 있으며 전체적으로 9.6%정도 차지하는 것으로 알려져 있다. 세계에너지기구의 예측에 의하면 2025년까지 사용되는 연료의 30%, 생산되는 전기의 60% 정도가 재생에너지원으로 이루어질 것으로 보고 있다.

표 1-6. 지역별 에너지 사용량에서 바이오매스의 기여도

지역	총에너지 사용량에서 바이오매스 (%)
Africa	60.0
South Asia	56.3
East Asia	25.1
China	23.5
Latin America	18.2
Euroup	3.5
North America	2.7
Middle East	0.3

출처: R. Saidur et al. / Renewable and Sustainable Energy Reviews, 15, 2262-2289(2011)

참고문헌

1. J. Heinimo, M. Junginger, "Biomass Production and trading of biomass for energy - An overview of the global status", *biomass bioenergy*, 33, 1310-1320(2009)

2. R.C. Saxena, D.K. Adhikari, H.B. Goyal, "Biomass-based energy fuel through biochemical routes: A review", *Renewable and Sustainable Energy Reviews* 13, 167–178(2009)

3. R. Saidura, E.A. Abdelaziza, A. Demirbasb, M.S. Hossaina, S. Mekhilefc, "A review on biomass as a fuel for boilers", *Renewable and Sustainable Energy Reviews* 15, 2262–2289(2011)

Chapter 2

바이오매스의 열화학적 전환

1. 서론

바이오매스의 열화학적 전환은 열과 압력을 가하거나 공기나 수증기 등의 가스화제와 반응하거나 촉매를 이용하여 에너지로 변환시키는 반응을 의미한다. 바이오매스를 열화학적으로 변환하여 에너지로 이용하는 방법으로는 직접적으로 연소하는 방법을 포함해서 열분해(pyrolysis), 액화(liquefaction), 가스화(gasification) 등을 들 수 있다.

바이오매스의 직접연소를 통해서는 열과 전기의 형태로 사용되며 열분해를 통해서는 액체연료를 생산하여 에너지원으로 사용한다. 가스화를 통해서는 합성가스로 전환되거나 수소와 메탄으로 전환되어 에너지원으로 사용된다. 이외에 저온 열분해를 통한 탄화가 있고 에스테르화 반응을 통한 바이오디젤 생산이 열화학적 전환에 속한다.

표 2-1. 열화학적 전환반응의 종류와 생산되는 연료 형태

	전환반응	연료형태
열화학적 전환	연소 열분해 액화 가스화 기타변환기술	열, 전기 오일 중질오일 합성가스, 수소와 메탄 탄화, 에스테르화 (바이오디젤)

열화학적 전환 반응조건들을 비교해보면 표 2-1과 같다. 열분해는 상압과 500∼600℃로 건조가 필요하며 중질상 오일과 char가 생성된다. 액화는 7∼10 MPa의 고압과 250∼350℃의 온도가 필요하며 중질상오일이 주로 생산된다. 열분해와 액화는 생성물이 유사하나 열분해는 반응조건에 따라 char가 생성된다. 가스화는 800∼1,200℃의 고온이 필요하며 압력은 상압으로 건조가 필요하며 CO와 H_2로 이루어진 합성가스가 생성되며 350∼450℃의 낮은 온도에서는 수소와 메탄이 주로 생산된다.

표 2-2. 열화학적 전환방법의 반응조건 비교

열화학적 전환방법	압력	반응조건	건조	생성물
열분해	상압	500∼600℃	필요	중질상오일
액화	고압	250∼350℃ 7∼10 MPa	불필요	중질상오일
저온가스화	고압	350∼450℃ 10∼20 MPa	불필요	수소, 메탄
가스화	상압	800∼1200℃	필요	합성가스

(출처: 김래현 / 바이오매스의 에너지변환과 산업화)

2. 연소

가. 개요

직접연소는 바이오매스 이용의 가장 간단한 방법으로 바이오매스를 연료로 사용하여 산소와 함께 반응하여 열이 발생하는 발열반응으로 이때 생하는 열을 이용하여 수증기나 전기를 생산 할 수 있다. 바이오매스를 연소 시킬때 발생되는 연소열은 바이오매스의 종류에 따라 다르지만 일반적으로 건조 고형물기준 kg당 4,000∼5,000 kcal에 달하며 바이오매스는 수분을 상당히 함유하고 있어서 수분 증발에 따른 열손실로 인해 열효율이 낮아지게 된다.

바이오매스의 연소과정에서 CO, hydrocarbon, PAH, tar, 미연소된 입자들, NO_x, N_2O, HCl, SO_2, dioxin, 중금속 등 다양한 물질들이 배출될 수 있다. CO, hydrocarbon, tar, PAH와 기타 분진들과 같은 미연소된 오염물질들과 NO_x, CO_2, N_2O와 같은 산화물들은 모든 종류의 바이오매스에서 발생되며 HCl, SO_2, 무기염들은 Cl이나 황을 포함하는 바이오매스에서 발생하며 도시폐기물이나 폐목재에서는 높은 농도로 발생된다. 미연소된 오염물질들은 연료와 공기의 혼합율의 최적화를 통해 저감할 수 있고 연소로 내에서의 체류시간과 온도 조절을 통해 저감할 수 있다. 산화물들은 바이오매스가 가지고 있는 질소성분에서 유래하며 양은 그리 높지 않은 편이다.

표 2-3. Emission from combustion of biomass

[mg/Nm³] at 11% O_2	Manual (stoves and wood log boiler)		Automatic	
	poor standard	high standard	poor standard	high standard
λ[Excess-air ratio]	2>5	1.5-2	2-4	1.5-2
CO	>4,000, >20,000	<1,000	>1,000, >5,000	<250- <20
HC	100, > 1,000	<50	100, >500	<10
PAH	up to 100			<0.01

출처: J. E. Hustand et al. / Biomass and Bioenergy, 9, 235-255(1995)

바이오매스의 연소 시 연료로서 석탄과는 물리화학적 특성 면에서 서로 다르다. 바이오매스는 밀도가 석탄에 비해 낮고 탄소양이 적으며 산소를 많이 가지고 있다. 또한 수분 함유량은 높으며 휘발성 성분을 많이 가지고 있으나 SiO_2, Al_2O_3, Fe_2O_3 등 금속 산화물은 적게 가지고 있으며 열량이 낮다. 이런 바이오매스는 일반적으로 낮은 등급의 석탄에 해당한다.

표 2-4. Comparison between biomass and coal

Property	Biomass	Coal
Fuel density	500	1,300
Particle size(mm)	3	100
C content (wet% of dry fuel)	43-54	65-85
O content (wet% of dry fuel)	35-45	2-15
S content (wet% of dry fuel)	Mas 0.5	0.5-7.5
SiO_2 content (wet% of dry fuel)	23-49	40-60
K_2O content (wet% of dry fuel)	4-48	2-6
Al_2O_3 content (wet% of dry fuel)	2.4-9.5	15-25
FeO_3 content (wet% of dry fuel)	1.5-8.5	8-18
Ignition temperature	418-426	490-595
Heating value	14-21	23-28

출처: R. Saidur et al. / Renewable and Sustainable Energy Reviews, 15, 2262-2289(2011)

표 2-5. Moisture, volatile and ash content of coal and biomass fuels

Fuel	Moisture (% of fuel)	Ash (% of fuel)	Volatile matter (% of fuel)
Coal	4.8±2.6	8.3±1.5	2.4±5.9
Oak wood	6.5±0.8	0.5±0.1	78.6±3.8
Wheat straw	7.3±1	12.7±3.6	64.0±5.1

출처: R. Saidur et al. / Renewable and Sustainable Energy Reviews 15, 2262-2289(2011)

나. 연소공정

바이오매스를 연소하는 경우 현장에서는 주로 이론적으로 필요한 산소의 양보다 많은 과잉의 공기를 사용한다. 만일 너무 많은 양의 공기를 사용하게 되면 연소공정의 온도가 떨어지게 되고 열효율도 낮아지게 된다. 바이오매스의 연소공정으로는 Bubbling fluidized bed combustor (BFBC), Circulation fluidized bed combustion (CFBC), Traveling Stoker type, Step grate stoker type 등이 있다. 이들 연소공정의 장단점을 살펴보면 표 2-6과 같다.

표 2-6. 바이오매스 연소공정과 특징

연소공정	특징
BFBC (Bubbling fluidized bed combustion) 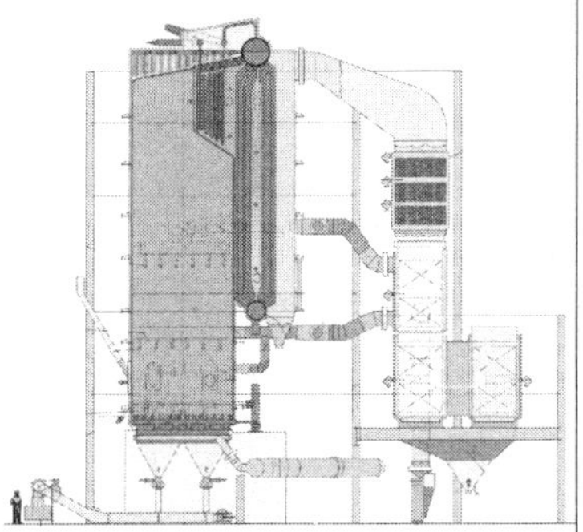	• 석회석을 유동매체로 사용하여 로내 탈황이 가능하다 • 바이오매스의 완전연소가 가능하다. • 공기공급량과 배기가스 배출량이 적다 • CFBC와 비교해서 보일러 높이가 낮다 • 불연소물질이 다소 포함된 연료의 연소 가능 • 연소효율이 높다.
CFBC (Circulation fluidized bed combustion) 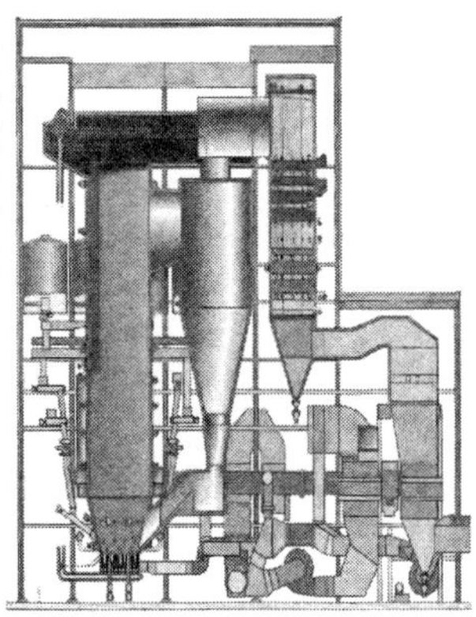	• 석회석을 유동매체로 사용하여 로내 탈황이 가능하다 • 바이오매스의 완전연소가 가능하다. • 공기공급량과 배기가스 배출량이 적다 • BFBC와 비교해서 단면적이 작고 높다 • 연소효율이 가장 높다

표 2-6. 바이오매스 연소공정과 특징 (계속)

연소공정	특징
Step grate stoker type 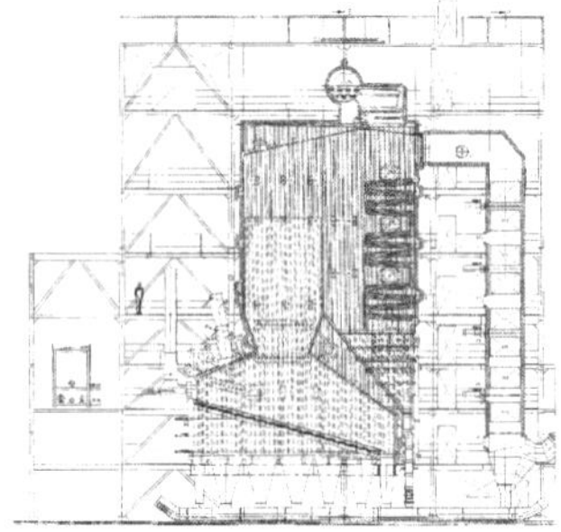	• FBC와 비교해서 전력소모가 적다 • 연료의 혼소가 가능 • 집진장치의 용량이 작다 • 연소효율이 낮다 • 비교적 높은 함수율의 연료를 적용할 수 있다
Traveling Stoker type, 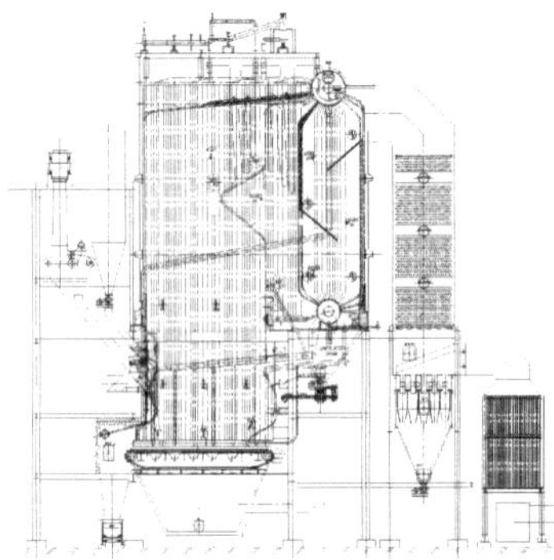	• FBC와 비교해서 전력소모가 적다 • 연료의 혼소가 가능 • 집진장치의 용량이 작다 • 연소효율이 낮다 • 연료의 움직임이 없어서 분진발생이 적다

다. 열병합발전, Combined Heat and Power (CHP)

열병합발전은 열과 전기를 같이 생산하는 시스템으로 전기만을 생산하는 경우보다 에너지효율이 높다. 바이오매스를 보일러에서 연소시켜 발생되는 연소 가스는 분진 및 황산화물과 같은 오염 물질을 제거한 뒤 가스터빈을 이용하여 전기를 생산하고 남은 열은 열교환기를 이용하여 회수된다. 회수된 열은 버려지는 것이 아니라 스팀을 생산하여 스팀터빈을 이용해 전기를 생산하게 되고 일부는 재사용된다. 따라서 전체 에너지효율이 높아지게 되고 전기만을 생산하거나 스팀만을 생산할 때 보다 에너지효율이 높아지게 된다.

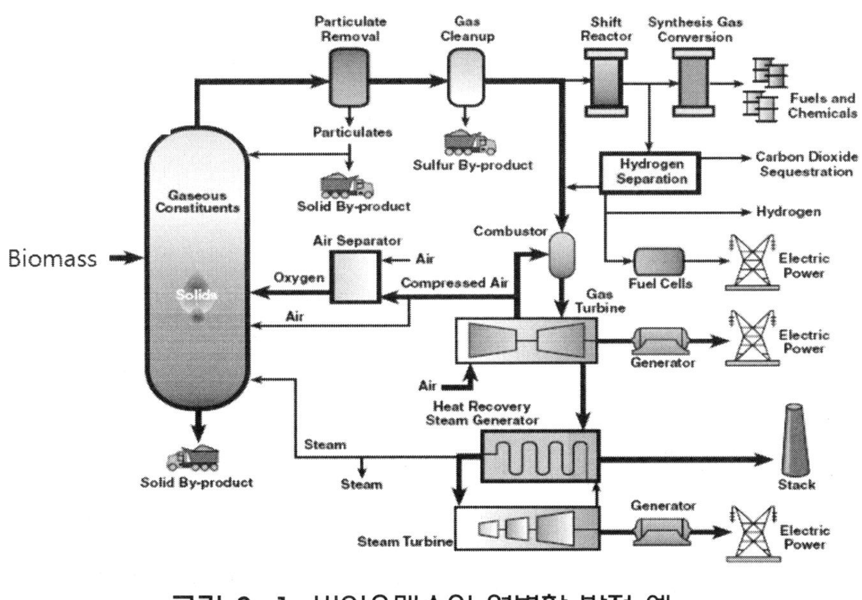

그림 2-1. 바이오매스의 열병합 발전 예

열병합발전은 공장지역이나 주택밀집지역에서 전기나 열 수요에 따라 위치하게 되며 고온 고압의 스팀에서부터 온수에 이르기까지 다양한 수요에 맞추어 공급하게 된다. 낮은 온도와 압력의 열을 공급하기는 쉬우나 스팀이나 높은 온도의 열수는 열병합시설에서 가능하다. 바이오매스를 원료로 사용할 경우 규모가 작아지면 생산효율이 낮아지게 된다. 2,000 kW급 이상의 발전에서는 보일러나 터빈이 적합하며 50 kW 이상에서는 가스화와 가스화를 이용 가스엔진을 사용하는 것이 적합하다. 그림 2-2는 소규모 열병합 발전 시스템을 보여주는 예로서 바이오매스가 가스화된 후 전기, 열수, 고온의 가스 등이 공급되게 된다.

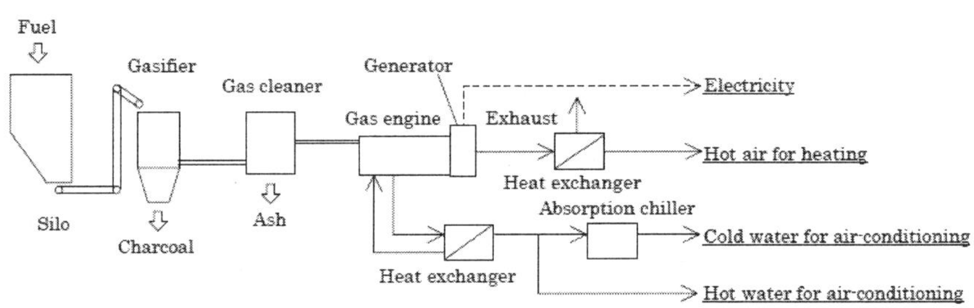

그림 2-2. Flow diagram of a small CHP using biomass

출처: Japan Institute of Energy / Asian Biomass Handbook

라. 바이오매스 혼소 (Co-Firing)

혼소(Co-Firing)는 바이오매스와 화석연료를 같이 연소하여 열을 생산하는 시스템으로, 기존의 연소시설에 바이오매스를 같이 연료로 사용하기 위한 시설을 설치 후 가능하다. 대규모의 시설에도 적용 가능하며 최근에 석탄과 바이오매스를 혼소하는 시설들이 적용되고 있다. 석탄화력발전의 경우 5∼10%정도 바이오매스를 혼소하고 있으며 발전효율의 감소를 최소화하는 동시에 환경 규제치를 만족하고 안정된 운전 확보를 목표로 하고 있다. 바이오매스의 혼소 경우, 기존 석탄화력의 발전 효율인 40%정도 까지 유지하는 것을 목표로 하고 있으나 혼소할 경우 발전효율이 다소 저감되고 있다.

바이오매스는 석탄에 비해 휘발성분이 높아서 고정탄소분에 대한 휘발성분의 비가 1/10에 가깝고 ash 성분은 낮다. 따라서 바이오매스의 분쇄를 위한 전처리 시 석탄에 비해 에너지가 10배 이상 소요되며 함께 전처리할 경우 효율이 저감된다. 그림2-3은 바이오매스 전처리를 위한 공정을 보여주고 있는데 바이오매스를 50 mm 이하로 파쇄하며 수분 함량이 50% 정도 되도록 처리하고 있다. 우드칩은 20% 이하의 수분함량 미만으로 건조를 위해서 20 mm 미만으로 분쇄하는 것이 필요하다.

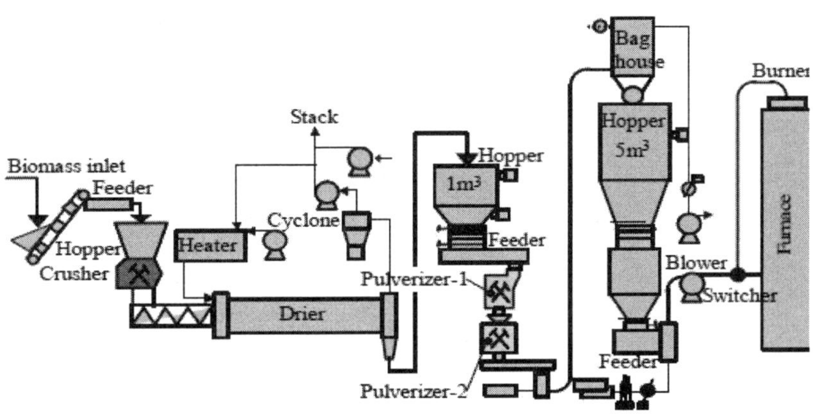

그림 2-3. Schematic of pretreatment flow for biomass

출처: Asian Biomass Handbook, Japan Institute of Energy

3. 바이오매스의 열분해 (Pyrolysis)

가. 개요

바이오매스는 cellolose, hemicellolose, lignin과 같이 천연고분자물질들로 이루어진 거대 고분자물질로서 열분해반응은 복잡한 다단계 반응을 거쳐 일어나며 이러한 열분해 반응의 설명을 위해 다양한 반응경로와 메카니즘들이 제시되고 있다. 이론적으로 볼 때 열분해반응은 산소가 없는 조건하에서 바이오매스의 고분자 결합이 분해되기 위해 필요한 열에너지를 공급하면 다양한 저분자분질들로 분해된다. 열분해 생성물들이 반응기내에 체류하는 동안 cracking이나 recondensation과 같은 후속 반응들이 일어나게 된다.

이러한 후속반응은 반응기내의 체류시간에 따라 결정된다. 체류시간이 증가하면 1차 열분해 생성물인 액상생성물의 수율은 줄어들고 대신 가스와 char의 수율이 증가하게 된다. 따라서 1차열분해 생성물이 반응기내에 체류하는 시간을 최소화 한다면 후속반응을 최소화 할 수 있어서 액상생물의 수율을 최대화 할 수 있고 이 반응이 fast pyrolysis이다. 대신 1차열분해 생성물의 체류시간이 증가하게 되면 cracking과 recondensation 반응을 통해 gas나 char의 수율이 증가하게 된다. 따라서 char의 생산을 목적으로 하는 경우에는 낮은 온도 조건과 느린 열전달 속도의 조건이 필요하고 gas의 회수를 목적으로 한다면 고온과 바른 열전달 속도의 조건이 필요하다.

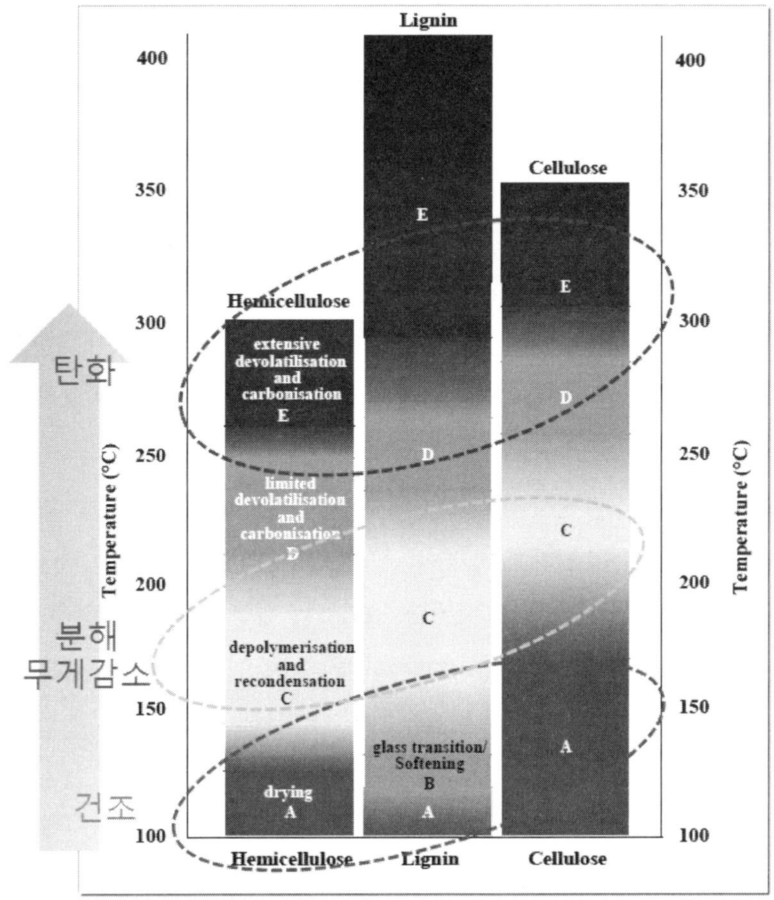

그림 2-4. 바이오매스의 열분해 특성

열분해공정에서는 바이오매스를 0.1-0.5 MPa 압력하에서 250 -600 K 까지 무산소 조건에서 가열하여 가스와 오일, 고체가연물인 챠르(char)를 얻게된다. 이때 회수되는 생성물의 형태, 조성, 수율 등은 바이오매스 원료의 형태와 조성, 반응온도와 압력조건, 체류시간, 촉매의 존재여부에 따라 달라진다.

$$\underset{\text{Biomass}}{C_6H_{12}O_6} \xrightarrow{\text{Heat}} \underset{\text{Gas}}{(H_2+CO+CH_4+C_5H_{12})}+\underset{\text{Liquid}}{(H_2O+\cdots+CH_3OH+CH_3COOH+\cdots)}+char$$

열분해공정에 대한 연구는 1970년대 이후 본격화되기 시작해서 액상 생성물 회수에 대한 연구를 중심으로 연구가 진행되어 왔다. 1990년부터는 극히 짧은 체류시간에 열분해가 일어나는 현상에 대해 많은 연구가 진행되면서 생성되는 액상물질을 연료로 사용하거나 화학공업의 원료로 사용하기 위한 시도가 시작되었다. 열분해공정은 급속열분해(fast pyrolysis)와 완속 열분해(slow pyrolysis)로 나눌 수 있다. 표 2-7에서와 같이 온도와 승온 속도 조건에 따라 열분해 생성물이 달라진다. 챠르의 생산을 목적으로 하는 경우는 보다 낮은 온도 조건과 느린 열전달 속도가 제공되어야 하며 연료가스의 회수가 목적인 경우에는 고온과 빠른 열전달 속도의 조건을 필요로 한다. 따라서 완속 열분해는 수소생산에는 적합하지 않아 급속열분해방법이 주로 연구 개발되고 있다.

표 2-7. 열분해 종류와 반응조건에 따른 생성물 비교

Pyrolysis	Heating rate (K/s)	Residence time (s)	Temperature (℃)	Product
Slow	<1	300∼1800	400 600	char gas, oil, char
Fast	500∼105	0.5∼5	500∼650	70% oil 15% char 15% gas
Flash	>105	<1 <1 <0.5	<650 >650 1000	oil gas gas

바이오매스는 열분해 과정에서 110℃에서 수분 증발이 이루어진다. Hemicellulose는 200-260℃에서 분해가 일어난다. 그림2-4에서 xylan이 유사한 온도에서 분해가 일어나는 것을 볼 수 있다. Cellulose 분해는 240-340℃에서 일어나고 lignin은 280-500℃에서 일어나는 것을 알 수 있다. 온도가 500℃에 도달하면 열분해 반응은 거의 종료된다. 따라서 가열속도가 10℃/s 일 경우에는 1분내에, 가열속도 100℃/s일 경우에는 5초 정도에서 열분해 반응이 종료된다. 가열속도가 증가하면 가스상의 생성물이 증가하며 결과적으로 가스상의 생성물의 반응기내 체류시간은 감소하게 된다.

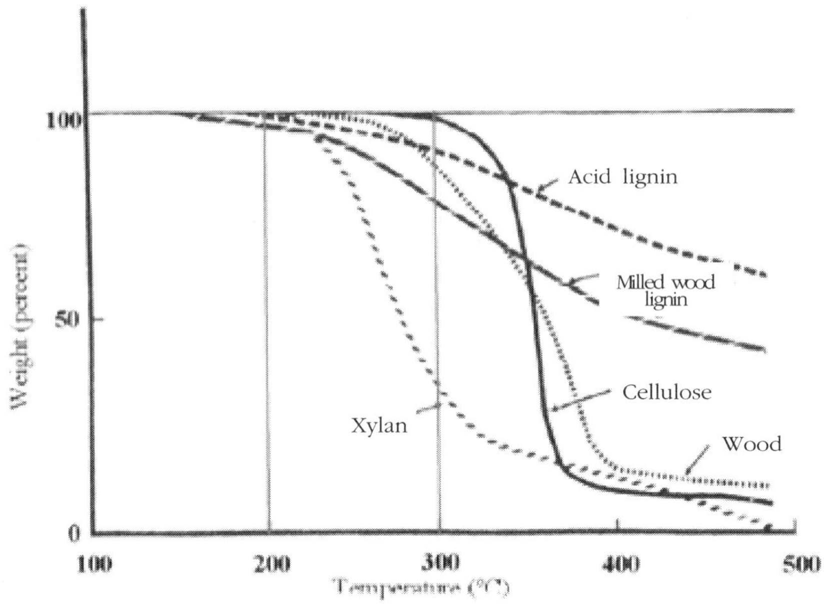

그림 2-4. 바이오매스의 열분해 특성

출처 : Shafizadeh, F. et al. / Carbohydrate Research, 16, 273-277(1971)

나. 열분해 반응과 영향 인자

1) 원리

이론적으로 산소가 없는 반응조건에서 바이오매스의 고분자 결합이 분해될 정도의 에너지가 공급되면 분해가 시작된다. 이러한 1차 열분해 생성물이 공정내에 체류하는 동안 cracking이나 recondensation 반응이 일어나게 된다. 공정 내에서 체류시간이 증가하면 1차 열분해 생성물인 액상 생성물의 수율은 줄어들고 가스와 챠르의 수율이 증가하는 현상이 나타난다. 그러므로 만약에 1차 열분해 생성물이 생성된 다음 공정내 체류시간을 최소화 한다면 다음단계의 반응이 일어나지 않고 액상 생성물의 수율을 최대화할 수 있다. 이러한 원리를 이용한 방법이 급속열분해 공정이다.

급속열분해공정은 고온을 사용하는 공정으로 바이오매스를 무산소 조건에서 급속히 고온으로 가열하는 방식이다. 체류시간은 경우에 따라서 5초까지 적용되기도 하지만 대개 약 2초 이내이며 최근에는 점차 단축되고 있다. 이와 같이 급속으로 바이오매스를 열분해하는 과정에서 기체, 액체, 고체의 다양한 성분들이 생성되게 된다. 기체상으로 생성되는 물질은 주로 수소, 메탄, 일산화탄소, 이산화탄소 등이고 바이오매스의 유기물 성상에 따라 일부 다른 기체들이 생성되기도 한다. 액상으로는 acetone, acetic acid와 같은 오일성분들이 생성되고 고체상으로는 챠르가 주성분이고 기타 불순물이 섞인 탄소가 생성된다. 생성된 오일의 일반적 성상은 표 2-8과 같다.

표 2-8. 열분해 오일의 일반적 성상

물리적 성상	평균 수치
함수율	15-30 %
pH	2.5
비중	1.2
원소분석치 (건조기준) C	56.4%
H	6.2%
O	37.3%
N	0.1%
회분	0.1%
고위발열량	4000 - 4500 kcal/kg
점도 (40℃, 함수율 25%)	40 - 100 체
챠르	0.5%
증류	50% (증류분)

출처: 김래현 / 바이오매스의 에너지변환과 산업화

따라서 열분해는 바이오매스로부터 바이오오일을 생산하기 위해 많이 연구되었으나, 급속열분해 공정에서 온도를 높이게 되면 메탄과 수소가 발생하게 된다.

$$Biomass + heat \rightarrow H_2 + CO + CH_4 + other\ product$$

열분해를 통해 생성된 메탄 및 기타 탄화수소들은 스팀개질반응을 통해 수소로 전환될 수 있다.

$$CH_4 + H_2O \rightarrow CO + H_2$$

수소전환율을 높이기 위해서 water-gas shift reaction을 이용하기도 한다.

$$CO + H_2O \rightarrow CO_2 + H_2$$

열분해과정에서 생성된 오일은 물에 대한 용해도에 따라 수용성 오일과 비수용성 오일로 분류할 수 있다. 열분해 반응을 통해 생성된 오일은 추가 반응을 거쳐 수소로 전환 가능하다. 바이오매스가 열분해 되면 생성된 오일은 수용성과 비수용성으로 분리되어 수용성은 스팀개질을 통해 수소와 이산화탄소가 생성된다. 비수용성오일과 탄소성분은 레진(Resin)으로 전환된다.

2) 열분해 반응에 미치는 영향인자

급속열분해 공정에서 수소생산에 미치는 영향인자들로는 온도, 가열속도, 체류시간, 촉매 종류 등을 들 수 있다. 열분해과정에서 수소의 생산성을 높이기 위해서는 온도와 가열속도가 증가할수록 높고 체류시간이 길어야한다. 이러한 조건들은 반응기 형태와 열전달 방법에 따라 결정되며, 열분해 공정 형태에 따라 수소생산율이 달라질 수 있다. 최근의 유동층 반응기는 수소생산성을 높일 수 있는 반응기 형태로 연구되어지고 있다.

무기물들이 열분해 반응에 영향을 미치는 것으로 보고되고 있다. 예를 들면 chloride, carbonate, chromate와 같은 무기물들이 열분해 반응을 도와주는 것으로 입증되고 있다. 챠르는 가스화하기 어려운 물질이지만 CaO가 분해를 촉진시키는 것으로 나타나고 있다. 또한 다양한 산화금속물질들 (Al_2O_3, Cr_2O_3) 이 촉매역할을 담당하는 것으로 나타나고 있다.

다. 열분해 공정

바이오매스로부터 원하는 형태의 생성물을 얻기 위하여 열전달 속도, 적정온도의 제어, 반응기내 증기상 생성물질의 체류시간 등의 인자들을 적절히 제어하기 위한 형태의 반응기 개발이 필요하다. 대표적인 반응기로 bubbling fluidized bed, circulating fluidized bed, Ablative pyrolysis reactor, Entrained flow, Rotating cone reactor 등이 있다.

1) Bubbling Fluid beds

Bubbling fluidized bed 는 제작과 조작이 용이한 편이고 일반적으로 좋은 실험 결과를 보여주고 있어서 많은 실험에서 채택

되어지고 있다. Union Fenosa(Spain, 200 kg/hr), Dynamotive (Canada, 50 kg/hr), Wellman(UK, 200 kg/hr) 등의 회사들에 의해서 pilot unit 또는 plant 수준으로 개발하여 가동되고 있다.

2) Circulating Fluid beds (CFB)

Circulating fluid bed는 Ensyn(Canada)에 의해서 상업적인 수준(36 dry t/d)으로 개발되었으며 이 회사에서 제공한 공정이 현재는 Red Arrow(USA)에서 1~2 t/h에 이르는 상업화 규모의 plant들을 설치하여 적용되고 있다. 이외에도 ENEL(Italy, 650 kg/h)와 VTT(Finland, 20 kg/h)에서도 적용되고 있다. CRES(Austria)는 Fluid bed char의 연소와 재순환 될 유동 매개체인 모래를 재가열하기 위해 char를 연소시키는 후속적인 2차 반응기를 설치하는 Ensyn의 반응기와 달리 Circulating fluid bed unit와 합쳐진 형식의 반응기를 개발하였고 현재 10 kg/h 규모로 운전되고 있다.

3) Ablative pyrolysis reactor

Ablative pyrolysis reactor는 가열된 반응기 벽에 시료물질을 가압하여 눌러줌으로써 열을 전달하는 원리를 이용한 형태로 열분해 대상이 되는 바이오매스에 의한 열흡수 속도보다 반응기에 대한 열공급 속도에 의해 더 큰 영향을 받는 공정이다. 따라서 다른 반응기처럼 시료를 미세하게 분쇄할 필요가 없는 특징을 가지고 있다.

CNRS(France)에서 이 형식의 반응기에 관한 연구를 시작해서 1980년에 NREL(USA)에 의해 ablative vortex reactor(20 kg/h)가

개발된 이후 꾸준한 연구가 진행되어 1994년에는 30 kg/hr규모의 공정이 세워 지기도 하였다.

4) Entrained flow

Entrained flow 반응기는 바이오매스 시료에 열을 제공하기 위해서 가스에 의한 열전도를 이용하는 반응기로서 Geogia Tech Research Institute(USA)에 의해 개발되었으며 Egemin Co.에 의해 scale-up되었다. 최근 GTRI나 Egemin process 중 어느 쪽도 사용되지 않고 있으며 더 이상 개발할 계획도 없는 것으로 알려지고 있다.

5) Rotating cone Reactor

Rotating cone Reactor는 원심력에 의한 전달효과를 이용한 형태로서 1989년 University of Twente (Netherlands)에서 10 kg/hr규모의 소형장치로서 고안되었으며 최근에는 BTG Co.(Net herlands)에 의해 발전되었다. 현재 50 kg/h 규모의 BTG 공정이 가동되고 있다.

4. Torrefaction

가. 개요

Torrefaction는 열분해 반응의 하나로 낮은 온도 범위 (200∼320℃)에 일어난다. 생성부산물로는 coke, char, 합성가스 이외에 액상 생성물이 발생한다. Torrefaction 반응 동안에 바이오매스의 물리화학적 특성이 변하여 연소나 가스화반응에 적합한 형태의 연료로 전환된다. 이와 같은 특성을 가지게 되는 이유는 열분해 반응 동안에 바이오매스로부터 수분이 제거되고 hemicellolose와 같은 고분자 물질들이 분해되어 일부 휘발성 물질이 생성되어 제거된다. 바이오매스는 이 반응을 통해 약 30%의 무게 감소가 일어나고 약 10% 정도의 에너지 밀도가 감소되어 결과적으로 단위 무게당 에너지는 향상되게 된다. 또한 가공하기 쉬운 형태로 전환되어 pellet이나 briquette형태로 가공이 용이해 진다.

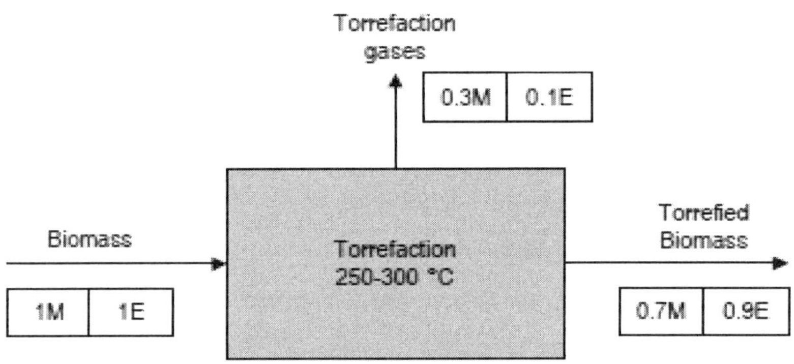

그림 2-5. A typical mass- and energy balance of the torrefaction process on as received basis. Symbols: E = energy unit, M = mass unit

출처 : Bergman / Combined torrefaction and pelletisation

바이오매스가 torrefaction 반응을 거치게 되면 산성이 감소되면서 청정연료로서의 자질을 갖추게 된다. 또한 반응 후에 친수성이 감소되어 저장하는 과정에서 수분 흡수를 최소화 할 수 있어서 관리가 한결 용이해 진다. 바이오매스의 수분 함량은 대개 30∼45% 정도이나 torrefaction 후에는 1∼5%로 감소하게 된다. 단위 무게당 에너지는 바이오매스의 경우 9∼12 MJ/kg 으로 20∼24 MJ/kg 인 torrefaction pellet과 비교하면 2배 이상 증가하는 것을 알 수 있다. Volumetric energy density도 증가되어 15∼18.7 GJ/m^3으로 5배 이상 증가하게 된다. 이와 같이 부피와 무게의 감소와 에너지밀도의 증가는 연료의 이동에 보다 효과적이 되고 경제성을 높이게 된다.

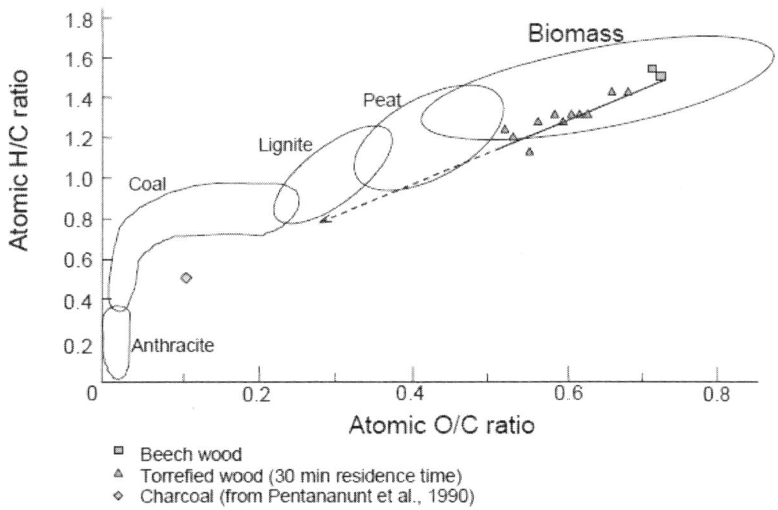

그림 2-6. Van Krevelen diagram of biomass obtained at temperature from 220∼280℃

출처 : M. J. V. van der Stelt et al. / Biomass and Bioenergy, 35, 3748-3762(2011)

그림 2-6에서 나타난 것과 같이 Van Krevelen diagram에서 H/C와 O/C비를 비교해 보면 Torrefaction 반응이 진행되면서 생성된 고체연료는 석탄과 유사한 특성을 가지게 되는 것을 알 수 있다. Torrefied pellet은 석탄과 비교해서도 장점들을 가지게 된다. 표 2-9, 10에서와 같이 발열량은 석탄과 유사하게 되나

ash량이 감소하게 되고 대기오염을 유발할 수 있는 황, 질소, 염소 성분의 함량이 줄어들게 되어 청정연료로의 품질을 가지게 된다.

표 2-9. Coal과 torrefied pellet 과의 특성 비교

	Coal	Torrefied Pellets
Heating Value	25 GJ/T	22 GJ/T
Ash	10 %	3 %
Sulphur	3 %	0.1 %
Nitrogen	1.5 %	0.2 %
Chlorine	0.05%	0.01%

표 2-10. Torrefaction 반응에 따른 물리화학적 특성 변화

	Wood	Wood pellets	Torrefaction pellets	Charcoal	Coal
Moisture content(% wt)	30-45	7-10	1-5	1-5	10-15
Calorific value(Mj/kg)	9-12	15-16	20-24	30-32	23-28
Volatiles(%db)	70-75	70-75	55-65	10-12	15-30
Bulk density(kg/L)	0.2 -0.25	0.55 -0.75	0.75 -0.85	~0.20	0.8 -0.85
Volumetric energy density(GJ/m^3)	2.0 -3.0	7.5 -10.4	15.0 -18.7	6 -6.4	18.4 -23.8
Dust	Average	Limited	Limited	High	Limited
Hydroscopic properties	Hydrophilic	Hydrophilic	Hydrophobic	Hydrophobic	Hydrophobic
Biological degradation	Yes	Yes	No	No	No
Milling requirements	Special	Special	Classic	Classic	Classic
Handling properties	Special	Easy	Easy	Easy	Easy
Product consistency	Limited	High	High	High	High
Transport cost	High	Average	Low	Average	Low

나. Torrefaction 반응에서 영향인자

Torrefaction 반응에 영향을 미치는 인자들 중에서 가장 중요한 인자가 온도이다. 반응온도는 200∼300℃ 를 사용하지만 원료에 따라 다르게 적용할 수 있다. 온도에 따른 열분해 반응 특성을 보면 그림 2-7과 같이 반응온도가 상승하게 되면 바이오매스의 분해 반응이 증가하게 되고 바이오매스의 질량이 감소되며 단위 부피당 에너지 손실이 증가하게 된다. 따라서 액화반응이 증가하게 되어 액상 생성물이 증가하며 완전 탄화로 진행하게 된다.

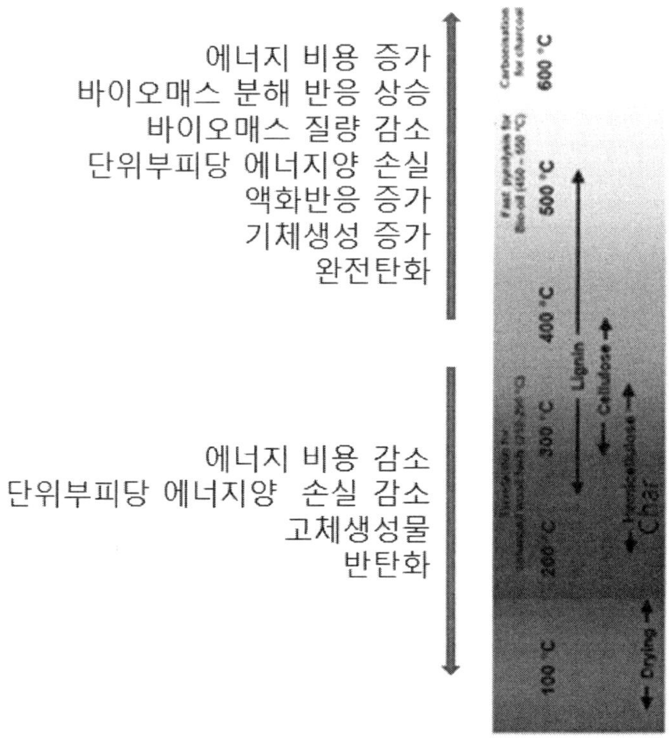

그림 2-7. Torrefaction 반응에서 온도의 영향

반응온도가 낮아지면 단위 부피당 에너지 양의 손실이 감소하고 고체 생성물의 생성이 증가하며 반탄화된 고체 연료가 생성된다. 고온열분해와 저온 열분해 비교가 그림 2-8에 잘 나타나 있다.

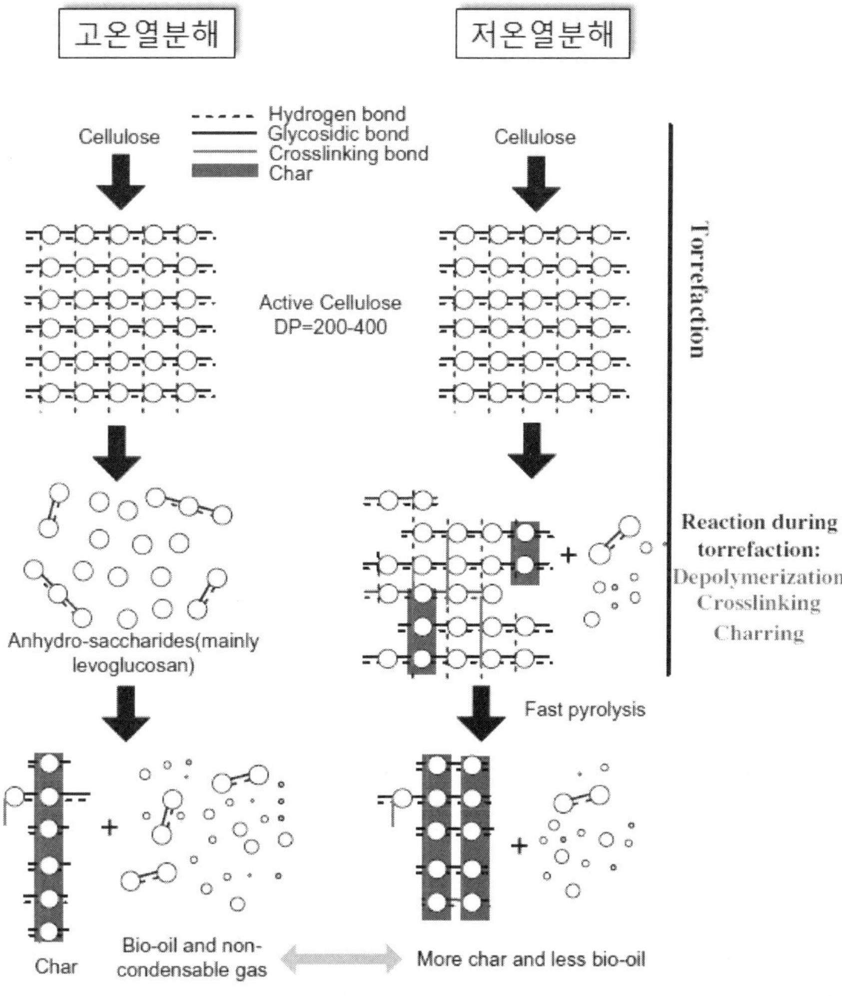

그림 2-8. 고온열분해와 저온 열분해 비교

출처 : A. Zheng et al. / Bioresource Technology, 128, ,370-377(2013)

Torrefaction 반응에서 온도가 올라가면 바이오매스가 분해되면서 가스 생성이 증가하게 된다. 그림 2-9에서 보면 반응시간과 온도가 증가 할수록 가스 생성과 액화 반응이 증가한다는 것을 알 수 있고 고체연료의 생산은 감소하는 것을 알 수 있다.

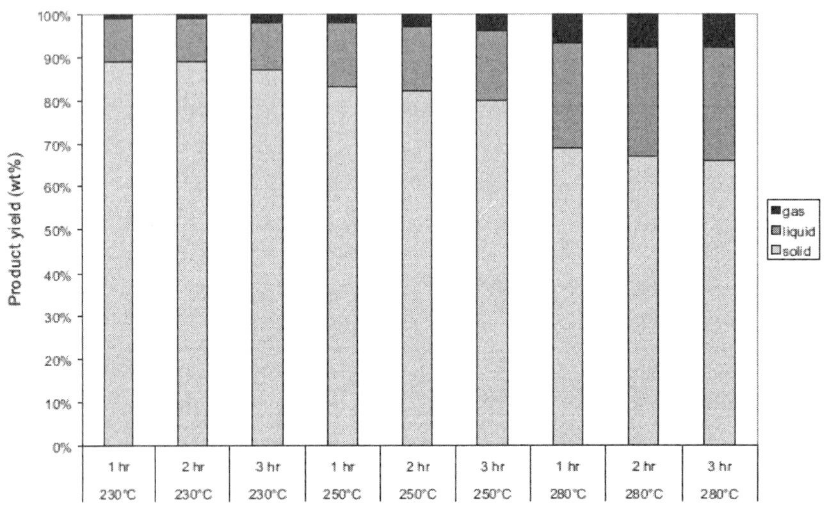

그림 2-9. Product yield of pyrolysis depending on temperature

출처 : M. J. V. van der Stelt et al. / Biomass and Bioenergy, 35, 3748-3762(2011)

반응온도에 따른 바이오매스의 질량변화는 그림 2-10에서 잘 알 수 있다. 반응온도가 230℃에서 300℃까지 상승할 때 반응시간에 따른 차이도 있었지만 바이오매스 질량감소가 많게는 30%이상 나타난 것으로 알 수 있다. 또한 250℃ 이상에서는 질량감소의 경향이 급격하게 일어나는 것을 알 수 있다.

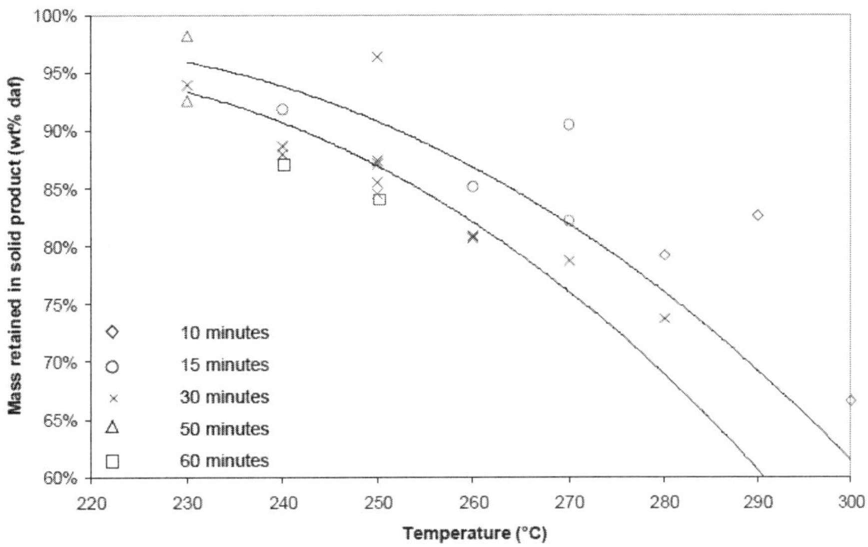

그림 2-10. Solid yields obtained for various batch experiments

출처 : M. J. V. van der Stelt et al. / Biomass and Bioenergy, 35, 3748-3762(2011)

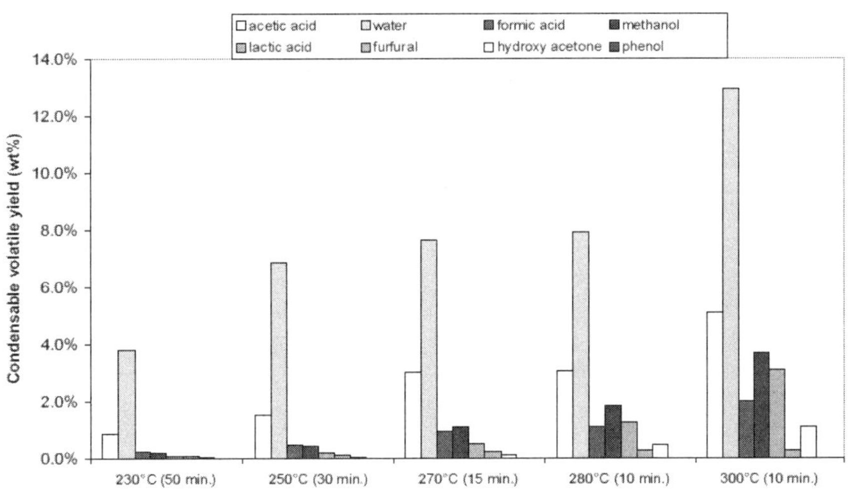

그림 2-11. Product yields of condensable volatiles formed in torrefaction

출처 : M. J. V. van der Stelt et al. / Biomass and Bioenergy, 35, 3748-3762(2011)

그림 2-11에서는 반응온도 상승에 따른 액상 생성물의 증가를 보여주고 있다. 반응온도가 상승하면 바이오매스가 분해되면서 휘발성 유기물질이 발생한다. 휘발성 물질은 formic acid, methanol, lactic acid, hydroxy acetone, phenol 등이 생성된다. Acetic acid와 물이 주요 생성물이고 다른 물질들은 비교적 적게 생성된다. 따라서 이때 생성된 액상 부산물은 낮은 pH를 갖게 되며 연료로 사용할 경우 부식문제를 유발하는 원인이 된다. 이와 같이 바이오매스가 분해되어 일부 휘발성 물질들이 생성되면서 고체연료가 가지게 되는 열량은 감소하게 된다. 그림 2-12는 반응온도에 따른 생성된 고체연료가 가지게 되는 열량의 변화를 보여주고 있다. 다양한 바이오매스를 가지고 실험한 결과 반응온도가 증가 생성된 고체연료가 가지는 열량은 감소하는 것을 알 수 있다.

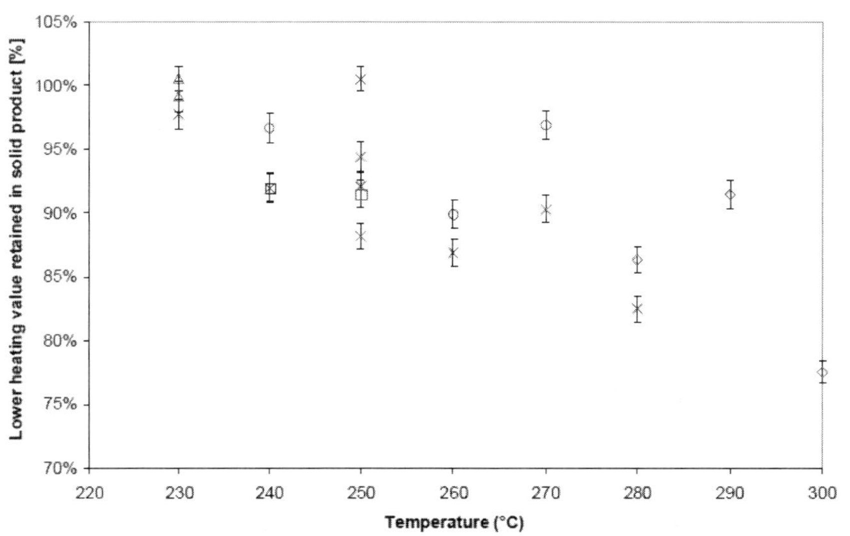

그림 2-12. Energy yields obtained from torrefaction

출처 : M. J. V. van der Stelt et al. / Biomass and Bioenergy, 35, 3748-3762(2011)

다. Torrefaction 공정

그림 2-13은 개념적인 torrefaction공정의 구조를 보여주고 있다. 전체공정은 열분해공정과 pellet 제조 공정으로 구성되어 진다. 열분해공정은 건조를 거친 후 열교환기를 거친 기체를 이용하여 가열하며, 200∼320℃ 범위에서 반응을 거치게 된다. 이때 가스는 반응을 통해 생성된 가스를 포함해서 가압을 통해 공급되게 된다. Torrefaction 반응과 건조를 위해 필요한 열은 반응에서 생성된 가스를 연소해서 얻을 수 있으며 부족할 경우에는 연료를 사용하여 공급한다.

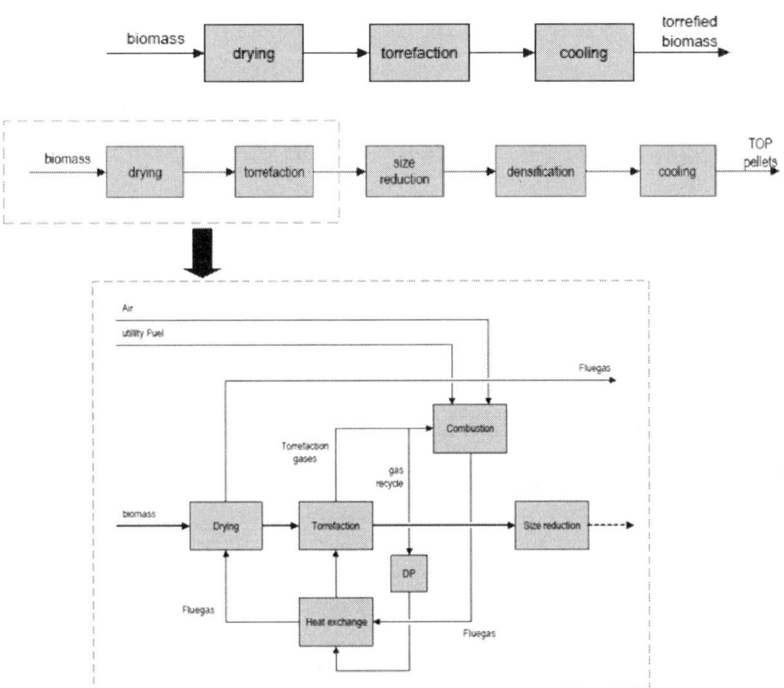

그림 2-13. Basic process structures of pelletisation and torrefaction

출처 : M. J. V. van der Stelt et al. / Biomass and Bioenergy, 35, 3748-3762(2011)

Toreefaction 공정에서의 열효율은 LHV 기준으로 96%에 달한다. 열효율을 낮추는 요인 중 하나는 바이오매스가 분해되면서 발생하는 휘발성 가스의 생성이 많을 경우에 일어나며 휘발성 가스가 반응기로부터 배출되면서 에너지를 잃어버리게 된다. 그러나 torrefaction 반응에서 발생하는 가스로 반응에 필요한 에너지를 공급할 수 있다면 전체적으로 에너지의 투입이 필요 없게 되고자 체적으로 에너지를 활용하게 된다. 만약에 torrefaction 가스의 에너지가 반응에 필요한 것보다 많으면 배가스를 통해 에너지의 손실이 이루어지게 된다. 따라서 torrefaction 반응 조건(온도와 반응시간)이 중요하며 전체적인 에너지 발란스를 결정하게 된다. 바이오매스의 수분 함량은 전체 공정의 에너지 발란스를 결정하는데 중요하다. 전체 시스템에 유입되는 바이오매스의 특성은 전체 공정에서 필요한 에너지의 양을 결정하게 된다. 건조가 이루어진 바이오매스는 torrefaction 반응을 통해 에너지 수율이 높으며 수분 함량이 높을수록 에너지 수율이 낮아진다.

Torrefaction 반응의 조건들은 에너지 발란스가 이루어지도록 최적화되어야 한다. 따라서 전처리인 건조에서 열분해 공정에서 배출되는 가스의 에너지를 이용하여야 하며 결과적으로 건조에 따른 비용을 최소화하여 경제성을 높여야 한다.

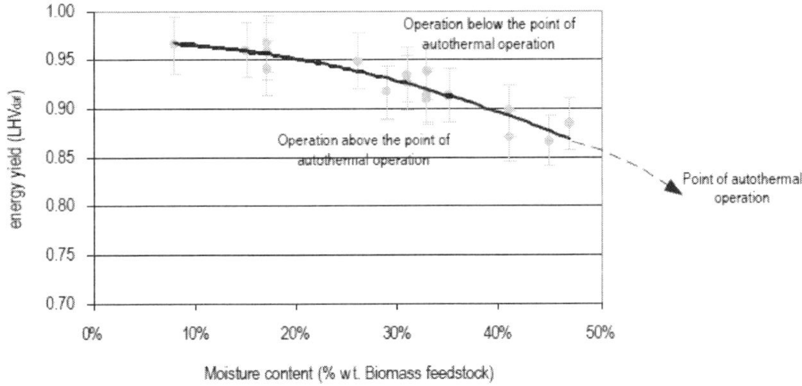

그림 2-14. Relation between energy yield of torrefaction and moisture content of the biomass feedstock with respect to autothermal operation of the torrefac tion process

출처 : Bergman / Combined torrefaction and pelletisation

5. 탄화 (Carbonization)

탄화는 바이오매스를 산소가 없는 조건하에서 400∼600℃사이로 가열하여 charcoal을 얻는 기술로 tar, 가연성 가스를 부산물 얻는다. 탄화공정은 비교적 용이하며 시설비용이 적게 들어 고열량의 고체 연료를 생산하는데 활용되고 있다. 따라서 다양한 폐기물의 처분방법으로 활용될 수 있으며 이산화탄소 배출을 줄이는 방법으로도 활용될 수 있다.

탄화반응은 열분해 반응의 하나로 200℃ 이하에서 대부분의 수분이 증발되고 200∼500℃에서는 바이오매스의 주성분인 cellulose, hemicellulose, lignin 등이 분해되어 액상의 물질과 CO와 CO_2 등을 포함하는 기체들이 생성되며 질량감소가 일어난다. 이러한 과정에서 바이오매스의 성분들은 dehydration, depolymerization 반응이 일어나서 원래의 분자보다 적은 분자량의 물질들로 분해된다. 일부 분자들간의 재결합 반응도 일어나 char형성이 일어나게 된다. 500℃이상에서는 질량감소가 미미하나 일부 방향족화합물의 탈수소 반응과 함께 재결합이 일어나 700℃까지 고온에서 char 형성이 이루어진다. 700℃이상의 온도에서는 탈수소 반응 없이도 char 형성이 계속된다.

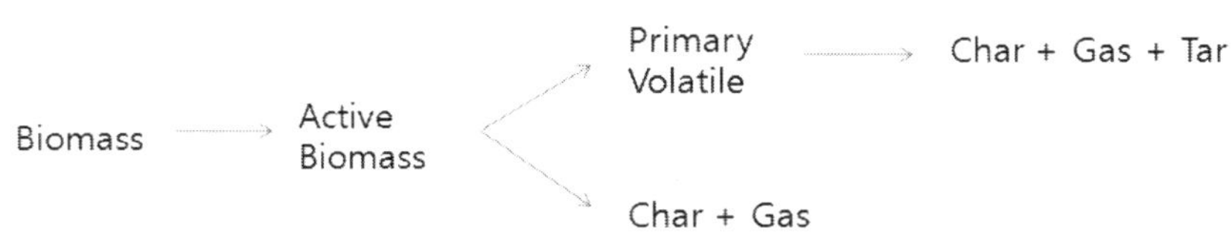

그림 2-15. 탄화 반응의 경로

그림 2-15에 나타난 탄화 경로는 1차 분해에서 바이오매스의 성분들이 분해되어 char 생성이 일어나고 액상성분의 물질들이 2차 분해를 통해 char 생성이 다시 일어나게 된다. 바이오매스가 분해되어 생성되는 char, 액상, 기체의 분포는 원료의 크기, 수분함량, 가열속도, 운전온도 등에 따라 결정된다. tar의 생성은 원료의 크기가 작아지거나 가열속도가 증가하면 많아지게 된다. 운전온도가 높아지면 char 생성이 줄어들게 되며 500℃ 이하에서 수율이 대체적으로 높다. 운전압력도 비교적 중요하며 운전압력이 높아지면 tar의 수율이 낮아지게 된다.

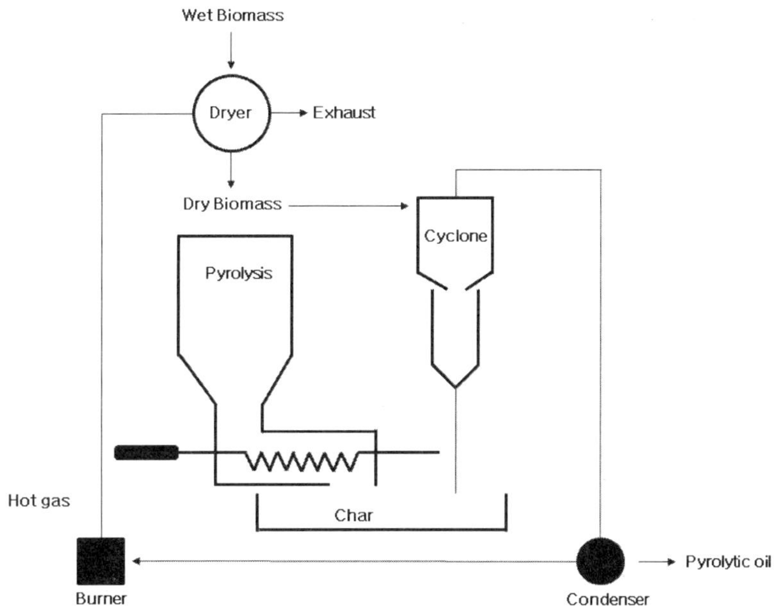

그림 2-16. 탄화 공정의 예

출처 : Asian Biomass Handbook / Japan Institute of energy, 2008

그림 2-16에 나타나 있는 연속 탄화공정은 한 예로서, fixed bed 형태의 보일러에서 열분해 되면서 발생하는 가스를 활용하여 부족한 열은 재가열 함으로써 에너지사용을 최소화 할 수 있다. 바이오매스는 건조과정을 거쳐 25∼55%에서 4∼7%정도로 수분 함량을 저감시킨 뒤 반응기 상단부분으로 투입된다. 열분해 과정에 필요한 열은 바이오매스 일부가 반응기 하단부분에서 산화되면서 발생되는 열을 이용한다. 생산된 charcoal은 반응기 하단부분으로 나오게 되며 반응기 상단부분에서 나오는 가스는 cyclone을 거쳐 분진은 제거하고 condenser에서 응축되어 tar (oil)은 회수된다. 응축되지 않은 가스는 burner에서 연료로 가열되어 건조과정에서 활용된다. 반응기내의 온도는 400∼760℃로 유지되도록 제어되어야 한다.

6. 바이오매스의 가스화

가. 가스화반응 이용 수소생산의 원리

가스화반응은 연소반응의 이론적 산소량보다 적은 양의 산소를 공급하여 이루어지는 부분 산화(partial oxidation) 공정이다. 열분해 반응과는 달리 산소 존재하에서 반응이 일어나며 열분해 반응의 주목적은 오일과 charcoal을 생산하는 것인 반면 가스화 반응의 주목적은 가스 생산이다. 바이오매스는 1,000 K 이상의 고이 생성되며 charcoal은 추가 반응을 거쳐 고온에서 부분산화 반응을 거쳐 가스와 charcoal, CO, CO_2, CH_4 으로 전환된다. 생성된 가스는 스팀개질이나 water-gas shift reaction을 거쳐 수소로 전환된다. 따라서 바이오매스의 가스화 과정은 일반적으로 열분해, 타르의 2차분해, 챠르의 가스화의 3단계로 반응이 진행된다.

$$\text{Biomass} + \text{heat} + \text{steam} \rightarrow H_2 + CO + CO_2 + CH_4 + \text{light and heavy hydrocarbon} + \text{char}$$

$$CH_4 + H_2O \rightarrow CO + H_2$$

$$CO + H_2O \rightarrow CO_2 + H_2$$

그림 2-17. Biomass to hydrogen based on pyrolysis with a co-product strategy

출처 : Meng Ni et al. / Fuel Processing Technology, 87, 461-472(2006)

나. 가스화반응에 미치는 영향인자

1) 타르형성

가스화과정에서 생성되는 타르는 공정 내에서 여러 가지 문제의 원인이 된다. 타르는 생성되면서 aerosol를 형성하며 더 나아가 중합반응을 거쳐 복잡한 구조를 가진 물질로 변환된다. 이물질은 스팀개질 반응에 의한 수소생산에 방해가 될 수 있다.

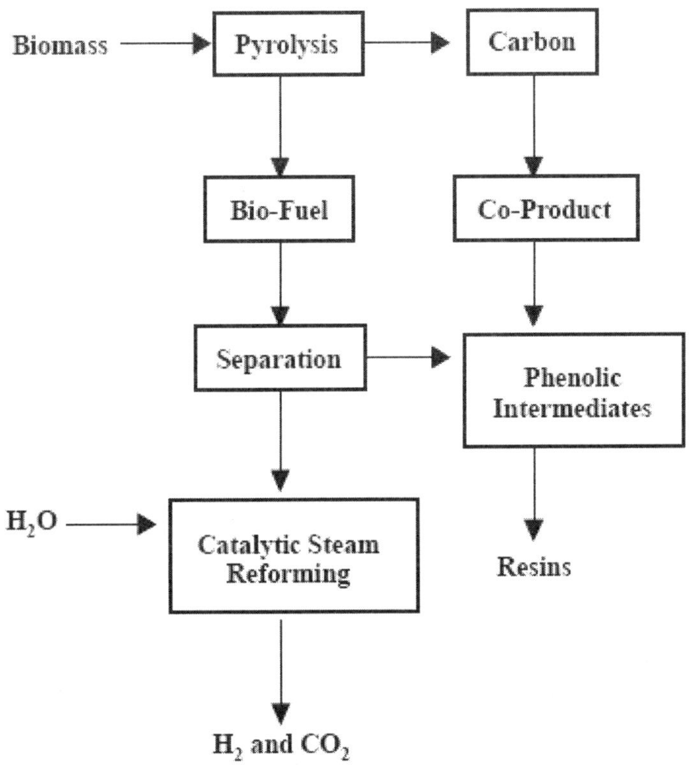

그림 2-18. Gasification of biomass

출처 : Meng Ni et al. / Fuel Processing Technology, 87, 461-472(2006)

표 2-11. Biomass gasification for hydrogen production

Feedstock	Reactor type	Catalyst used	Hydrogen production(vol %)
Sawdust	Not known	Na_2CO3	48.31 at 700℃
			55.4 at 800℃
			59.8 at 900℃
Sawdust	Circulating fluidized bed	Not used	10.5 at 810℃
Wood	Fixed bed	Not used	7.7 at 550℃
Sawdust	Fluidized bed	Not known	57.4 at 800℃
Not known	Fluidized bed	Ni	62.1 at 830℃
Sawdust	Fluidized bed	K_2CO_4	11.27 at 964℃
		CaO	13.32 at 1008℃
		Na_2CO_3	14.77at 1012℃
Pine Sawdust	Fluidized bed	Not known	26-42 at 700-800℃
Bagasse			29-38 at 700-800℃
Cotton stem			27-38 at 700-800℃
eucalyptus globulus			35-37 at 700-800℃
pinus radiata			27-35 at 700-800℃
Sewage sludge	Downdraft	Not known	10-11
Almond shell	Fluidized bed	La-Ni Fe	62.8 at 800℃
		Perovskite	63.7 at 900℃
Switchgrass		Cu Zn-Al	27.1

출처 : Meng Ni et al. / Fuel Processing Technology, 87, 461-472(2006)

표 2-12. Pyrolysis reactor type, heat transfer modes and typical features

Reactor type	Mode of heat transfer	Typical feature
Ablative	95% conduction	Accepts large size feedstocks
	4% convection	Very high mechanical char abrasion from biomass
	1% radiation	Compact design Heat supply problematical Heat transfer gas not required Particulate transport gas not always required
Fluidized bed	90% conduction	High heat transfer rates
	9% convection	Heat supply to fluidizing gas or to bed directly
	1% radiation	Limited char abrasion Very good solids mixing Particle size limit <2mm in smallest dimension Simple reactor configuration
Circulating fluidized bed	80% conduction	High heat transfer rates
	19% convection	High char abrasion from biomass nad char erosion
	1% radiation	Leading to high char in product Char/Solid heat carrier separation required Solid recycle required Increased complexity of system Maximum particle size up to 6 mm Possible liquids cracking byu hot solids Possible catalytic activity from hot char Greater reactor wear possible
Entrained flow	4% conduction	Low heat transfer rates
	95% convection	Particle size limit <2mm
	1% radiation	Limited gas/solid mixing

출처 : Meng Ni et al. / Fuel Processing Technology, 87, 461-472(2006)

타르형성을 최소화하기 위한 연구가 활발히 진행되고 있으며 gasifier의 적절한 설계, 적절한 공정제어 및 운전, 촉매 및 첨가제를 통해 최소화하는 시도들이 이루어지고 있다.

온도, 체류시간과 같은 운전조건들도 타르형성과 분해에 영향을 미친다. 반응온도의 경우 1,273 K이상에서는 타르분해가 일어나는 것으로 보고되고 있다. 또한 dolomite, olivine 과 같은 첨가제를 사용하면 100% 타르형성을 방지할 수 있었다는 보고도 있다. 촉매의 사용도 타르의 형성을 방지하는데 효과적이며 가스 생성율을 높이는 데에도 효과적이었다는 보고도 있다. 이외에도 2단계 가스화, 2차 공기주입방식을 통해 타르 생성을 감소시킬 수 있었던 것으로 보고되고 있다.

2) Ash 형성

가스화과정에서 생성되는 ash도 공정 내에서 deposition, sintering, slagging, fouling, agglomeration 과 같은 문제를 유발시킨다. 이와 같이 ash 형성으로 인한 문제점을 문제 발생을 방지하기 위해서 fractionation 방법이 이용되고 있다.

3) 바이오매스 종류

바이오매스 종류도 가스화에 의한 수소생산에 영향을 미친다. 표 2-11, 12를 보면 수소생산성을 바이오매스의 종류, 반응기 형태, 촉매종류에 따라 비교한 자료가 있다. 수소생산성은 유동층 타입의 가스화공정(fluidized bed gasifier)을 사용하였을 경우에 약 60 vol%의 수소생산성을 얻어서 가장 높은 것으로 나타났다. 이러한 결과는 그림 2-19에서와 같이 natural gas에서 수소를 생산하는 방법과 경제성이 비교할 만큼 높은 것으로 나타나 바이오매스를 이용한 수소생산이 환경친화적이며 유망한 수소생산방법으로 자리잡을 수 있는 대체기술이 될 수 있을 것으로 판단된다.

4) 가스화 공정

최근에 Lin et al. 에 의해 제안된 가스화공정인 HyPr-Ring 공정은 그림 2-20과 같다. 이 공정은 water-hydrocarbon 반응, water-gas shift 반응, 이산화탄소의 흡착이 하나의 반응기에서 초임계수와 초임계수 이하의 조건에서 함께 일어나는 방법이다. 화학반응식은 다음과 같이 나타낼 수 있다.

$$C + 2H_2O + CaO \rightarrow CaCO_3 + 2H_2,\ \Delta H^{o}_{298} = -88\ kJ/mol$$

위 반응은 발열반응이고 비교적 낮은 온도 (923 ~ 973 K)에서 수소생산효율이 높다. 기존의 가스화공정과 비교해서 낮은 온도의 하나의 반응기에서 수소생산과 분리가 일어나기 때문에 공정이 간단하다. 이공정은 바이오매스에서 수소를 생산하기 위해서 효율성이 높은 것으로 입증되고 있다.

바이오매스의 함수율이 35% 이상이면 바이오매스를 초임계수 조건에서 가스화가 일어난다. 따라서 647 K인 초임계수 온도와 22 MPa 이상의 초임계 압력조건에서 바이오매스는 쉽게 분해되어 작은 분자량의 물질로 전환되거나 가스화 된다. 초임계수 가스화는 함수율이 높은 바이오매스의 가스화를 위한 공정으로 50% 이상 수소를 얻을 수 있다.

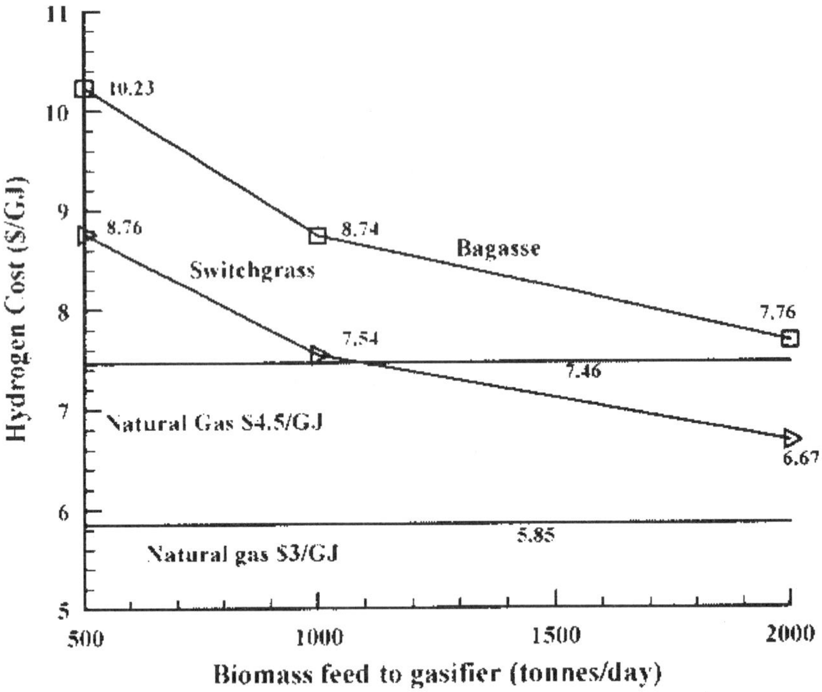

그림 2-19. Estimated cost comparison of hydrogen production by biomass gasification and natural gas steam reforming

출처 : Meng Ni et al. / Fuel Processing Technology, 87, 461-472(2006)

최근에 함수율이 높은 다양한 바이오매스를 대상으로 초임계수 조건에서 용해도를 조사한 결과가 Mok et al. 에 의해 발표되었는데 대개 바이오매스의 40 - 60% 가 초임계수 조건에서 반응을 통해 가용화된 것으로 관찰되었다. Miniwa et al. 은 초임계수 이하 의 조건에서 셀룰로우즈가 가스화 되면서 수소가 생산된 것으로 관찰되었고 Yu et al.은 873 K와 34.5 MPa의 초임계수 조건에서 glucose의 가스화가 관찰되었다. 이러한 반응의 장점은 가스화 반응과정에서 타르나 챠르가 생성되지 않는다는 것이고 따라서 관련 연구가 활발히 진행되고 있다. 문헌에 발표된 다양한 초임계수 조건에서 바이오매스로부터 수소 생산율을 비교한 것이 표 2-13에 잘 나타나 있다. Glucose를 대상으로 수소생산율이 초임계수 조건에서 촉매를 사용할 경우 50 vol%이상을 얻은 것으로 나타난다.

반응기 형태는 tubular 타입이 높은 압력에도 견딜 수 있어서 많이 쓰이고 있으며 바이오매스 가스화를 통한 수소 생산이 아직은 초기단계이나 Sprizer와 Hong은 초임계수 가스화를 통한 수소생산비용이 US 0.35$ /kg으로 계산되어 다른 방법에 비해 높은 경제성을 가지고 있어서 기대가 크다.

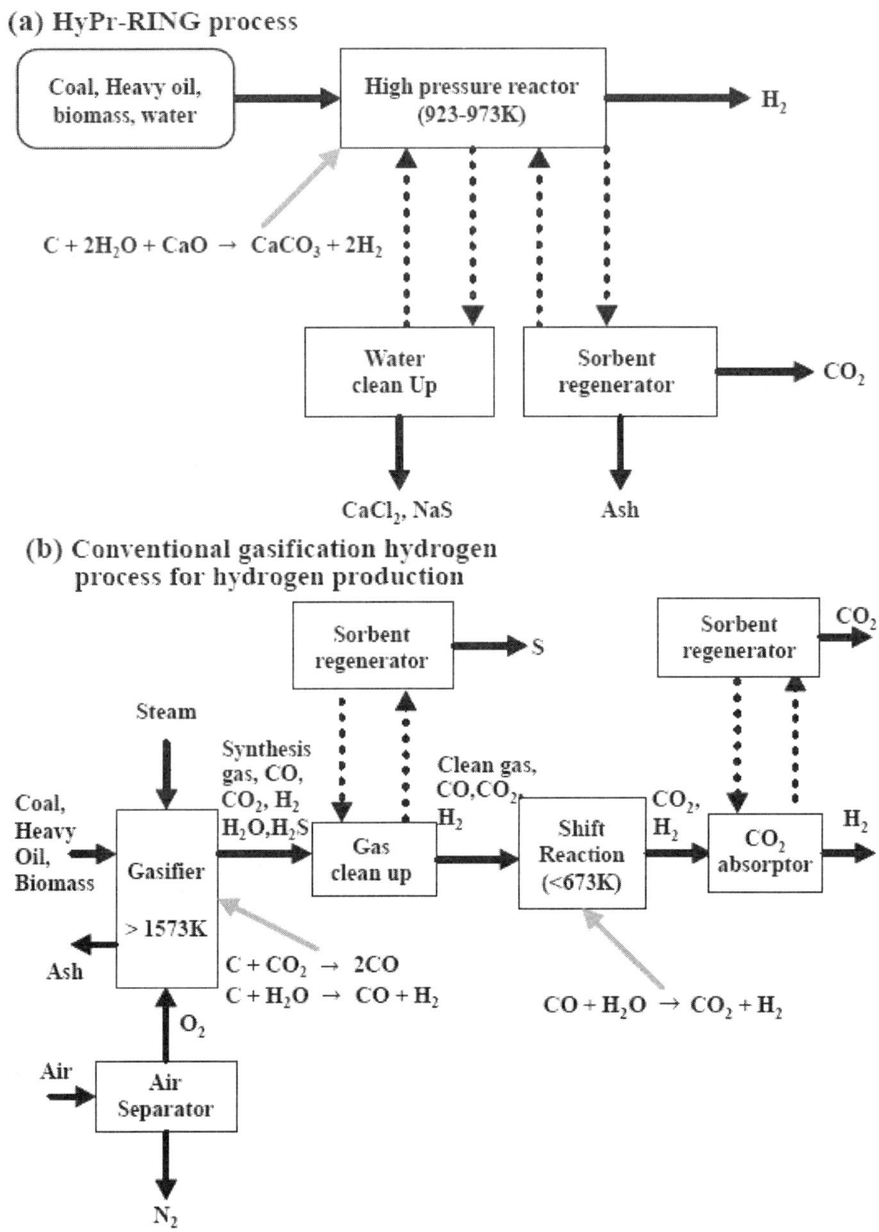

그림 2-20. Comparison of HyPr-RING and conventional hydrogen production process

출처 : Meng Ni et al. / Fuel Processing Technology, 87, 461-472(2006)

표 2-13. Recent studies on hydrogen production by biomass gasification in supercritical water condition

Feedstock	Gasifier type	Catalyst used	Temperature and pressure	Hydrogen yield
Glucose	Not known	Not used	600℃, 34.5 MPa	0.56 mol H_2/mol of feed
Glucose	Not known	Activated carbon	600℃, 34.5 MPa	2.15 mol H_2/mol of feed
Glucose	Not known	Activated carbon	600℃, 25.5 MPa	1.74 mol H_2/mol of feed
Glucose	Not known	Activated carbon	550℃, 25.5 MPa	0.62 mol H_2/mol of feed
Glucose	Not known	Activated carbon	500℃, 25.5 MPa	0.46 mol H_2/mol of feed
Glycerol	Not known	Activated carbon	665℃, 28 MPa	48 vol%
Glycerol/methanol	Not known	Activated carbon	720℃, 28 MPa	64 vol%
Corn starch	Not known	Activated carbon	650℃, 28 MPa	48 vol%
Sawdust/corn starch mixture	Not known	Activated carbon	690℃, 28 MPa	57 vol%
Glucose	Tubular reactor	KOH	600℃, 25 MPa	59.7 vol%(9.1 mol H_2/mol glucose)
Catechol	Tubular reactor	KOH	600℃, 25 MPa	61.5 vol%(10.6 mol H_2/mol catechol)
Sewage	Autoclave	K_2CO_3	450℃, 31.5-35 MPa	47 vol%
Glucose	Tubular reactor	Not used	600℃, 25 MPa	41.8 vol%
Glucose	Tubular reactor	Not used	500℃, 30 MPa	32.9 vol%
Glucose	Tubular reactor	Not used	550℃, 30 MPa	33.1 vol%
Glucose	Tubular reactor	Not used	650℃, 32.5 MPa	40.8 vol%
Glucose	Tubular reactor	Not used	650℃, 30 MPa	41.2 vol%
Sawdust	Tubular reactor	Sodium carboxymethyl-cellulose(CMC)	650℃, 22.5 MPa	30.5 vol%

출처 : Meng Ni et al. / Fuel Processing Technology, 87, 461-472(2006)

참고문헌

1. Meng Ni, Dennis Y. C. Leung, Michchal K. H. Leung, K. Sunmathy, "An overview of hydrogen production from biomass", *Fuel Processing Technology,* 87(2006)

2. R. Evans, L. Boyd, C. Elam, S. Czenik, R. French, C. Feik, S. Philips, E. Chaornet, "Hydrogen production from biomass-catalytic reforming of pyrolysis vapor", FY 2003 Progress Report, National Renewable Energy Laboratory, (2003)

3, A. V. Bridgewater, "Principles and practice of biomass fast pyrol ysis process for liquid", *J. of Analytical and Applied Pyrolysis,* 51(1999)

4. D. A. Bowen, F. Lau, Zabransky, R. Remick, R. Slimane, S. Doong, "Techno-economic analysis of hydrogen production by gasif ication of biomass", NREL FY 2003 Progress of Report, National Renewable Energy Laboratory, (2003)

5. S.Y. Lim, Y. Suzuki, H. Hatano, M. Harada, "Development an innovative method, HyPr-RING, to produce hydrogen from hydro carbons", *Energy Conversion and Management* 43(2002)

6. 김래현, 바이오매스의 에너지 변환과 산업화. 도서출판 아진

7. J. E. HUSTAD, O. SKREIBERG and O. K. SONJU, "Biomass com bustion research and utilisation in IEA countries", *Biomass and Bioenergy*, Vol. 9, Nos 1-5. 235-255(1995)

8. R. Saidura, E.A. Abdelaziza, A. Demirbasb, M.S. Hossaina, S. Mekhilefc, "A review on biomass as a fuel for boilers", *Renewable and Sustainable Energy Reviews*, 15, 2262–2289(2011)

9. The Japan Institute of Energy, The asian biomass handbook

10. M. J. C. van der Stelt, H. Gerhauser, J. H. A. Kiel, K. J. Ptasinski, "Biomass upgrading by torrefaction for the production of biofuels : A review", *biomass and bioenergy*, 35, 3748-3762(2011)

Chapter 3

바이오매스의 생물학적 전환

1. 바이오가스

가. 개요

혐기성 미생물을 이용한 바이오가스 생산은 수분이 많은 (40%의 수분에서도 가능) 바이오매스를 미생물을 이용하여 가스로 전환시키는 방법으로 수분제거를 위해 에너지의 소비가 많이 소요되는 방법(예를 들면 소각, 가스화, 열분해 등)에 비해 에너지 효율이 높으며 환경 친화적이다. 바이오가스 생산은 대규모 뿐 아니라 소규모 시설에서도 가능하여 도시 밀집지역이나 농촌지역에서도 운영 가능하다. 원료로는 다양한 종류의 바이오매스의 사용이 가능하며 cellulose계 바이오매스, 음식물쓰레기, 하수슬러지, 축분 등을 원료로 사용할 수 있다.

그림 3-1에서와 같이 원료로 사용되는 바이오매스의 종류에 따라 메탄 수율은 유기물건조중량(ODS, Organic Dry Solid)과 비교하여 0.1에서 0.6 m^3/kg ODS 까지 생산될 수 있다. Cellulose

가 많은 신문지의 경우 0.1m^3/kg ODS, grass의 경우 0.2 m^3/kg ODS, 하수슬러지의 경우 0.6 m^3/kg ODS까지 메탄을 얻을 수 있다.

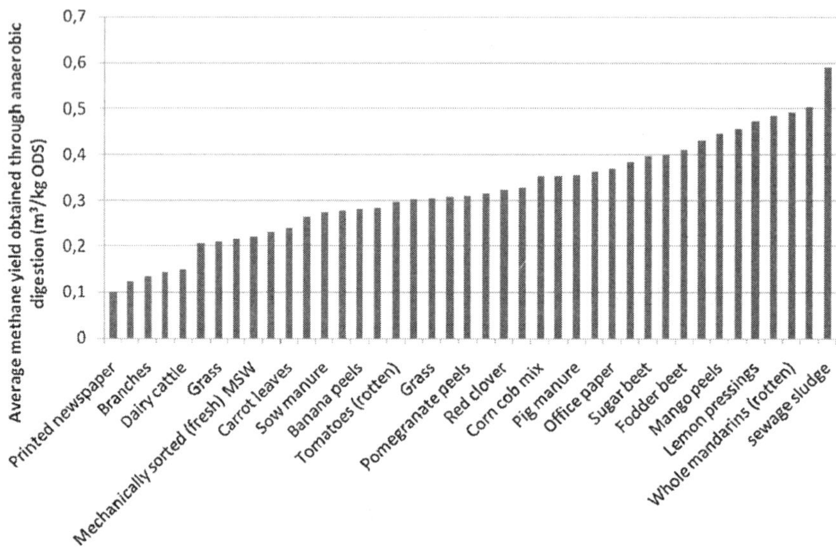

그림 3-1. Overview of the average methane yield obtained through anaerobic digestion of the different waste streams.

출처 : L. Appels et al. / Renewable and Sustainable Energy Reviews, 15, 4295-4301(2011)

나. 혐기성 발효 미생물

바이오가스는 바이오매스를 혐기성 반응에 의해 메탄과 이산화탄소를 주성분으로 하는 가연성 가스로 전환되는데 크게 3단계로 거쳐 이루어진다. 첫 번째 가수분해 과정을 통해 단당류, 아미노산, 지방산 등의 분자량이 작은 중간생성물들이 생성되고 다음단계인 산발효과정을 통해 아세트산, 프로피온산, 부틸산 등의 저

급지방산, 젖산, 에탄올 등으로 분해된다. 이러한 지방산 등이 메탄발효 미생물에 의해 메탄과 이산화탄소로 분해된다.

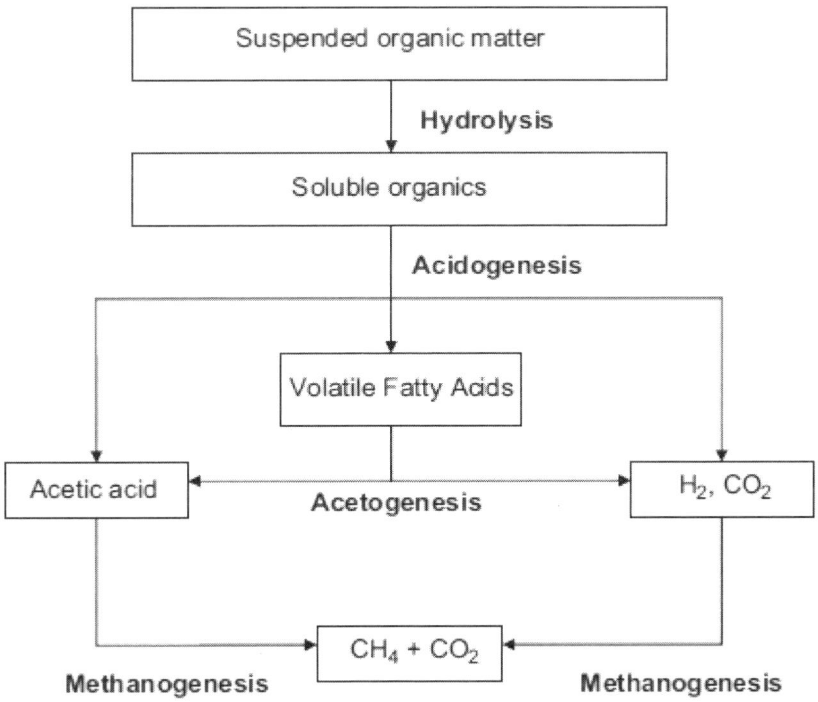

그림 3-2. 혐기성 발효 경로

출처 : L. Appels et al. / Progress in Energy and Combustion Science, 34, 755-781(2008)

가수분해 반응은 다음단계인 산발효와 메탄발효 반응을 위해 분자량이 큰 물질을 분자량이 적은 물질로 분해하여 가용화하는 단계이다. 이 단계에 관여하는 대표적인 미생물로 *Clostridium, Peptococcus, Vibrio, Micrococcus, Bacillus* 등을 들 수 있다. 이러한 미생물들은 분자량이 큰 물질의 가용화를 위해 protease, lipase, cellulase, pectinase, amylase, chitinase와 같은 효소를 분비하게 된다. 가수분해반응을 거쳐 생성된 단당류, 아미노산, 지방산들은 다음단계인 산발효를 통해 acetate, butyric acid, propionic acid, 수소 등이 생성된다. 산발효에 관여하는 두 개의 미생물 군집들이 있는데 acidogenic bacteria와 acetogenic bacteria로 나눌 수 있다. Acidogenic bacteria는 단당류와 VFA를 기질로 이용하여 대사물질을 배출하게 되는데 acetogenic bacteria와 methanogen 등이 이용가능한 기질이 된다. Acidogenic bacteria에는 *Clostridium, Bacteroides, Ruminococcus, Butyribacterium, prop ionibacterium Eubacterium, Lactobacillus, Streptococcus, Psed omonas, Desulfobacter, Micrococcus, Bacillus, Escherichia* 등을 들 수 있다. 이들 미생물은 대개 통성미생물(facultative bacteria)로서 용존 산소를 사용할 수 있어서 절대 혐기성 환경을 요구하는 메탄발효균(methanogen)이 좋아하는 환경을 만들어 준다.

Acetogenic bacteria는 propionate, butyrate를 기질로 이용하여 acetate, 이산화탄소, 수소를 대사 산물로 생산하는 미생물이다. 그러나 이 미생물 군은 낮은 농도의 수소 존재 하에서만 활성을 보여 수소의 영향을 많이 받는 미생물들이다. 따라서 그림 3-3과 같이 acetogenic bacteria가 수소를 생성하면 곧이어 메탄발효균들이 수소를 이용하여 수소 농도가 낮게 유지되도록 환경을 만들어 주어야 한다. 대표적인 미생물로 *Syntrophomonas wolfei, Syntrophotobacter wolinii*을 들 수 있다.

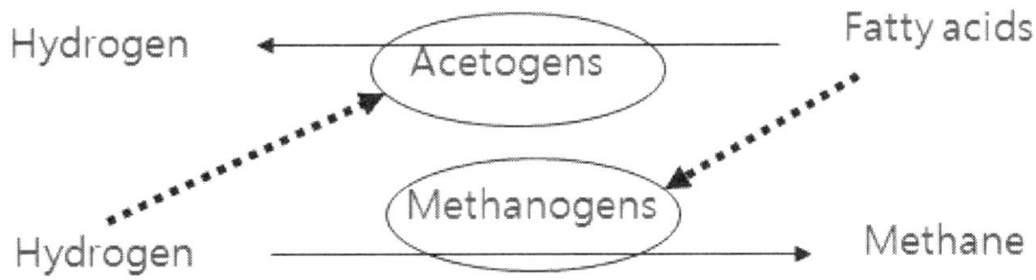

그림 3-3. Acetogen과 Methanogen과의 관계

메탄발효균은 acetate, 수소, 이산화탄소를 이용하여 메탄을 생성하는 미생물로 수소와 이산화탄소를 이용하는 hydrogenotrophic methanogen과 acetate를 이용하는 acetoclastic methanogen으로 나눌 수 있다. 메탄발효균들은 절대혐기성균들로 ORP 가 -300 mV 이하의 환원환경을 필요로 하며 성장속도가 느려서 혐기성 반응의 속도를 결정하게 된다.

다. 메탄생성에 미치는 영향인자

1) pH, alkalinity, volatile acids/alkalinity ratio

메탄 생성 미생물인 methanogen은 pH에 매우 민감하며 최적 pH는 6.5∼7.2이다. 발효 미생물의 경우 pH에 민감하지 않으나 약산성 조건에서는 acetic acid와 butyric acid가 주요 생성물이고 pH 8.0에서는 acetic acid와 propionic acid 가 주요 생성물이다. 이와 같은 휘발성 유기산들이 발효과정에서 생성되면 pH가 낮아지게 되며 methanogen의 활성에 영향을 미치게 된다. 따라서 alkalinity는 methanogen의 최적 pH 유지를 위해 매우 중요하다. Methanogen을 위한 pH의 완충을 위해서는 적절한 alkalinity의 보충이 필요하며 bicarbonate/VFA

(Volatile Fatty Acid)의 비가 1.4:1을 유지하는 것이 안정된 혐기반응을 위해 중요하다.

2) 온도

온도는 미생물의 성장속도와 대사속도를 결정하는 중요한 인자로서 혐기성 반응에 있어서 미생물 군집의 구조를 결정한다. Acetotrophic methanogen은 온도에 가장 민감한 미생물군으로 propionate와 butyrate의 분해는 온도에 의한 영향이 크다. Propionate의 분해반응은 흡열반응으로 비교적 높은 온도에서 acetate, CO_2, H_2로의 분해가 증가하나 H_2를 사용하는 hydrogenotrophic methanogen은 발열반응으로 온도가 증가하면 효율이 낮아진다. 일반적으로 온도가 증가하면 유기물의 용해도가 증가하며 생물학적 도는 화학반응의 속도가 증가하고 병원성 균의 사멸율이 증가한다. 그러나 온도가 증가하면 용존 암모니아의 기화가 증가하여 미생물 활성에 악영향을 나타낼 수 있다.

3) 체류시간

체류시간은 solid retention time(SRT)과 hydraulic retention time(HRT)으로 나눌 수 있다. SRT가 감소하면 반응효율이 감소하며 SRT가 증가하면 반응 효율이 증가한다. 따라서 바이오가스 생산성과 체류시간의 관계가 그림 3-4에 잘 나타나 있다. SRT가 증가하면 반응효율이 증가하며 바이오가스 생산도 증가하게 된다. 그러나 SRT 40일 이후에는 더 이상 분해되지 않아 증가하지 않는다.

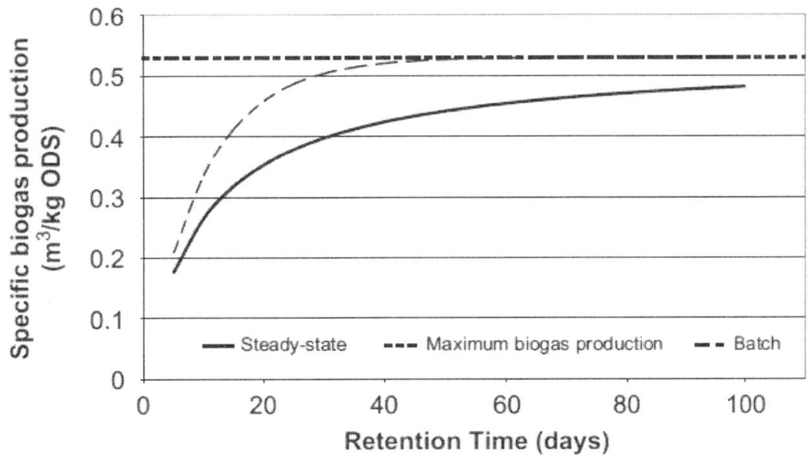

그림 3-4. Biogas production vs. SRT

출처 : L. Appels et al. / Progress in Energy and Combustion Science, 34, 755-781(2008)

라. 반응기 종류

High rate digestor은 일반적으로 많이 사용되는 형태로서 유입되는 원료는 적정온도로 가열한 뒤 반응기내에 유입되면서 반응이 시작된다. 반응기내에서의 교반을 위해서 생성되는 가스를 순환시키기도 하고 반응기내의 일부를 펌프를 이용하여 순환시키기도 한다.

Two-stage digestor는 산발효와 메탄발효가 서로 다른 반응기에서 이루어지는 형태이다. 반응기 설계 시 산발효가 일어나는 첫 번째 반응기를 두 번째보다 작게 설계하기도하고 첫 번째와 두 번째 반응기를 같은 크기로 설계하기도 한다. 반응기 내의 미생물 배양 형태에 따라 유리세포배양을 하는 경우에는 교반을 이용하나 고정화된 미생물을 이용할 경우에는 교반을 하지 않는다.

미생물 고정화를 위해서 담체를 사용할 수 도 있고 자발적으로 granule을 형성하는 혐기성 미생물의 특성을 이용할 수 있다. 미생물 granule을 이용할 경우에는 원료를 상향식으로 주입시켜 운전하는 UASB(Upflow Anaerobic Sludge Blanket) 형태로 운전이 가능하다.

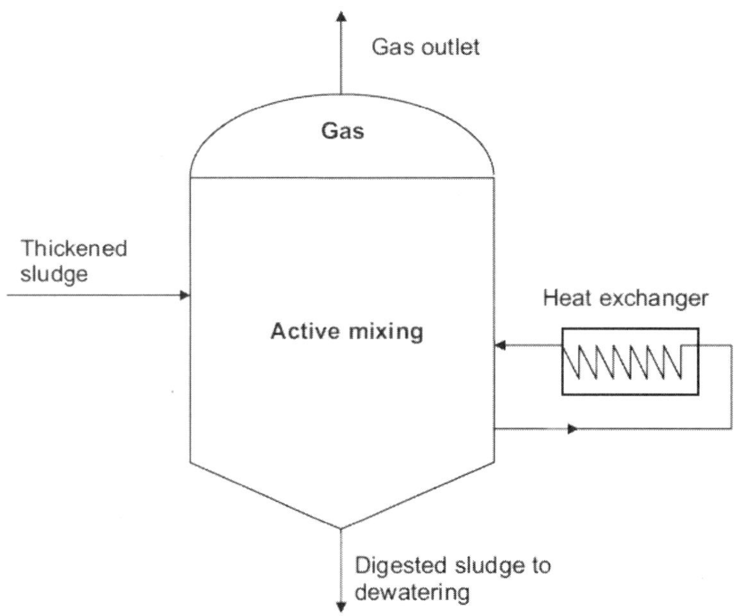

그림 3-5. High rate digestor

출처 : L. Appels et al. / Progress in Energy and Combustion Science, 34, 755-781(2008)

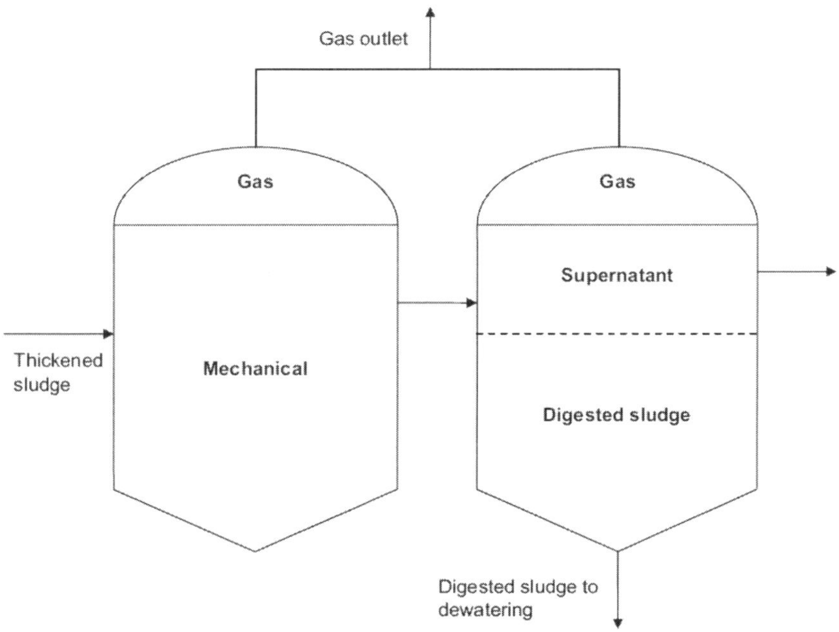

그림 3-6. Two stage digestor

출처 : L. Appels et al. / Progress in Energy and Combustion Science, 34, 755-781(2008)

마. 메탄 가스 이용

바이오가스는 메탄과 이산화탄소외에 표 3-1과 같이 불순물을 가지고 있으며 특히 H_2S는 매우 유독한 가스이기 때문에 취급에 주의가 필요하다. 바이오가스와 공기는 혼합되어 점화되는 온도는 650~750℃인데 메탄과 공기의 혼합비가 5.4~13.9%에서는 자연폭발이 가능하며, 특히 9.4%에서 폭발 가능성이 가장 높다. 메탄가스는 액화시킬 경우 임계온도 -82.5℃ 보다 낮아야 하고, 임계압력 47.4 atm 이상으로 압축시켜야 하므로 고압용 특수용기가 필요하고 액화된 메탄가스의 부피는 25℃가스 부피의 약 1/600이 되므로 저장과 수송이 용이한 장점은 있다.

표 3-1. 바이오가스의 주요 불순물

구성물질	함량	영향
CO_2	25-50 vol%	-연료의 열량을 낮춤 -메탄수(methane number)와 엔진의 anit-knock을 증가시킴 -습가스상에서 저농도의 탄산형성으로 부식초래
H_2S	0-0.5 vol%	-설비와 배관 부식(스트레스 부식)유발 -SO_x 발생 -불완전 연소시 H2S 대기 방출 -촉매피독
NH_3	0-0.05 vol%	-연소시 NO_x발생 -엔지의 anti-knock증가
Water vapor	1-5 vol%	-설비와 배관 부식 -응축수로 인한 계기 오동작 유발 -배관 및 노즐의 결빙
Dust	> 5um	-노즐 막힘
N_2	0-5 vol%	-열량 낮춤 -엔진의 anti-knock증가
Siloxanes	0-50 mg/m^3	-연소시 엔진표면에 SiO_2 형성

siloxane은 연소 시 엔진표면에 SiO_2를 형성하여 손상시키는 원인이 되고 있다. 이를 제거하기 위해서는 활성탄 흡착을 주로 이용한다. 장점으로는 ppb 수준까지 제거 가능하나 활성탄 사용후 재생이 필요하며 바이오가스에 상대 습도가 높을 경우 수명 단축이 예상된다. 흡착효율을 높이기 위하여 2단으로 연계하여 처리하기도 하며 압력을 높이기도 한다.

이와 같이 정제된 바이오가스의 이용형태는 지역냉난방을 위한 열병합발전, 가스보일러, 도시가스망 공급, 자동차연료, 연료전지의 연료 등으로 이용되고 있다. 바이오가스의 가스보일러 이용은 바이오가스 저장조에서 탈황탑을 거치면서 유황성분을 제거하여 가스보일러를 통해 증기 또는 온수를 생산하여 사용하게 된다. 증기 또는 온수의 사용처로는 바이오가스화 공정이 일정 규모 이상이 되면 바이오가스화 공정에 바이오가스 생산량의 일부를 사용하게 되며, 나머지는 축사와 농가의 난방에 이용할 수 있고, 또한 축산농가 퇴비화장치의 가온 등 기타 열원으로 사용할 수 있다. 바이오가스 열량은 5,720 kcal/m^3(메탄 67% 기준)으로 보일러의 열효율 85%를 가정하면 바이오가스 1m^{3}당 4,860 kcal의 열량을 사용할 수 있다.

바이오가스의 발전 이용 계통도는 그림 3-7와 같이 바이오가스 저장조에서 탈황탑을 거치면서 유황성분을 제거 후, 발전기를 통하여 전력을 생산하여 축사와 농가 그리고 바이오가스화 장치에 전력을 공급하고, 또한 발전기의 냉각수는 열교환기를 이용하여 소화조 가온과 농가의 난방 및 기타 열원으로 사용하게 된다.

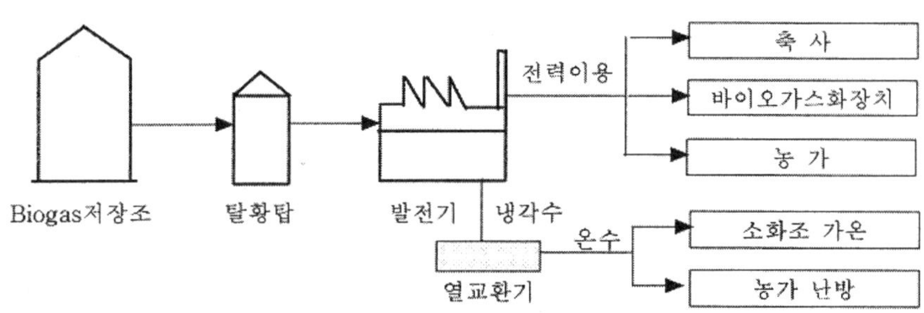

그림 3-7. 바이오가스의 발전 이용 계통도

바이오가스(CH_4 67% 기준)는 1m^3당 0.87 kWh의 에너지를 가지며, 발전을 위해 가스엔진을 사용할 경우 가스엔진의 열효율은 85%로써 0.74 kWh를 에너지로 회수가 가능한데, 이중 42%인 0.31 kWh는 전력으로 나머지 58%인 0.43 kWh는 고온수의 열에너지로 회수할 수 있다. 회수된 고온수의 열에너지는 바이오가스화 공정이 일정 규모 이상이 되면 회수한 열량의 31%가 소화조 가온에 소요되어 69%의 잉여 열에너지를 얻을 수 있으며, 이것은 축사나 농가의 난방 및 기타 열원으로 사용할 수 있다. 또한 전력생산량의 46%는 바이오가스화 공정의 자체 전력으로 사용되며, 54%는 잉여 전력으로서 축사나 농가의 전력 및 기타 전력이 필요한 곳에 이용할 수 있다.

표 3-2와 같이 국내 축산분뇨 처리장의 경우 돈사로부터 발생되는 축산분뇨 10 ㎥/일을 처리하기 위하여, 이상 혐기성 처리시설을 설치 · 운영한 결과, 유기물의 제거율은 85% 이상, 가스 발생량은 90~100 ㎥/일(메탄순도 75%이상)로서, 이를 이용하여 100~120 kWh의 전기를 생산하여 주변시설에 이용하고 있다. 또한 축산분뇨 처리에 소요되는 시간은 총 5일이며 이는, 기존의 30일 이상 걸리던 처리시간을 대폭 줄임으로서 경제적 처리를 위한 신 공정을 확립한 것으로 평가되고 있다.

적용된 기술은 기존의 재래식 공정이 아닌 이상고율혐기성 공정을 적용하였다. 현재 연구원에서는 20㎥/일 규모의 축산분뇨처리 시스템을 이천 모전영농조합에 설치 운영 중에 있으며, 발생된 바이오가스를 이용하여 전력뿐만 아니라 열을 생산하여 인근지역에 공급하고 있다.

표 3-2. 축산분뇨 처리장의 운영현황

운 영 인 자	내 용	비 고
처리유량	10	㎥/일
유기물 제거율	85.7	%, BOD
산발효조 체류시간	1.5	일
메탄발효조 체류시간	3.5	일
가스발생량	90~100	N ㎥/일
메탄순도	75~80	%
발생전력	100~120	kWh

축분 음식물쓰레기 바이오가스 발전 플랜트 모델은 그림 3-8과 같은 처리 공정도로 진행된다.

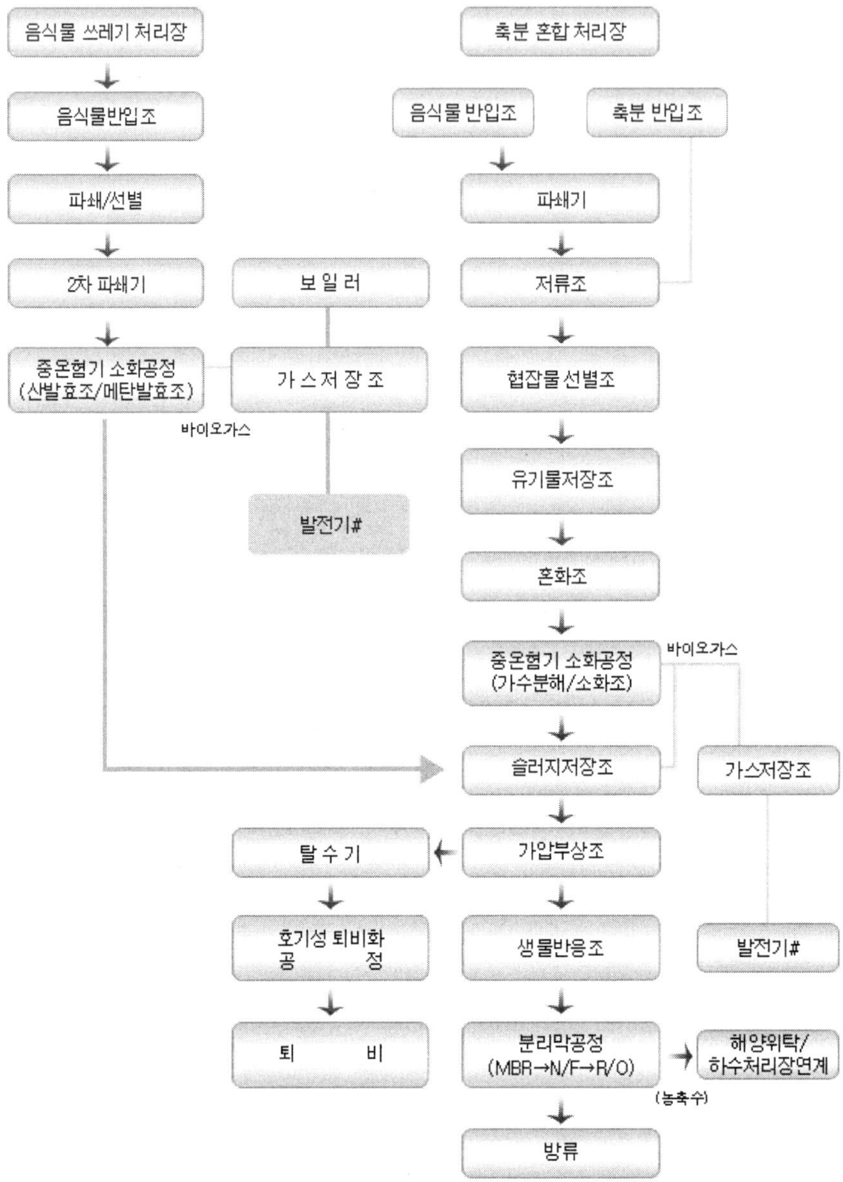

그림 3-8. 바이오가스 처리 공정도

2. 바이오매스를 이용한 수소 생산

가. 기술 개요

바이오매스는 지구상에서 태양에너지를 이용하여 광합성으로 생산되는 모든 유기물 및 이 유기물을 가공, 섭취, 소비하는 과정에서 생성되는 생물유기체를 바이오매스라 한다. 국내의 바이오매스 자원은 임산자원, 농업부산물, 폐목재 등이 많은 부분을 차지하고 있으며 음식물쓰레기, 슬러지, 축산분뇨 등 유기성 폐기물로 분류되는 바이오매스도 존재한다. 이러한 바이오매스를 이용한 생물학적 수소 생산 반응은 산소가 없는 혐기적 조건하에서 일어나며 많은 생물학적 반응들이 연계되어 이루어진다.

박테리아가 유기물을 기질로 사용할 때, 즉 종속영양(heterotrophic) 성장을 하면 유기물 분해 작용을 통해 성장에 필요한 단위분자물질(building block)과 대사에너지를 얻는다. 산소가 있는 호기적 조건에서는 전자 수용체인 산소가 환원되나 혐기적 조건에서는 다른 물질, 즉 양성자 (H^+)가 전자 수용체 역할을 하여 전자를 받고 환원됨으로서, 수소분자(H_2)가 생성된다.

바이오매스로부터 생물학적인 방법으로 생산된 수소는 신재생에너지로 분류되며 최근 연료전지의 발전에 힘입어 많은 관심을 갖는 분야이다. 수소는 산소와 반응하여 물만을 생성하는 깨끗한 미래 에너지원으로 부각되고 있으며 수소의 생산, 저장, 및 수송 이용과 관련된 연구가 각 국가마다 활발히 추진되고 있다. 수소는 단위 질량당 에너지 밀도가 높고 연료전지기술의 발전에 따라 에너지효율이 높아서 다양한 용도에서 활용 가능할 것으로 예상되고 있다.

나. 생물학적 수소생산 과정 및 관련 미생물물

1) 생물학적 수소 생산 과정

이용 가능한 바이오매스를 원료물질로 사용하여 발효과정을 통한 수소생성의 첫 단계는 바이오매스를 포도당으로 전환하는 것이며, 이후 포도당이 해당 작용을 거쳐 피루브산(pyruvate)이 생성된다. 피루브산은 다시 acetyl CoA로 산화되고 acetyl phosphate로 전환된 후 ATP를 만들고 초산 (acetate)으로 배출된다. 피루브산이 acety-CoA로 산화되면서 패리독신(ferredoxin; Fd)의 환원이 일어나고, 환원된 패리독신(FdH_2)는 수소화효소(hydrogenase)에 의해 산화된 패리독신을 만들며 전자는 분자수소 형태로 방출된다.

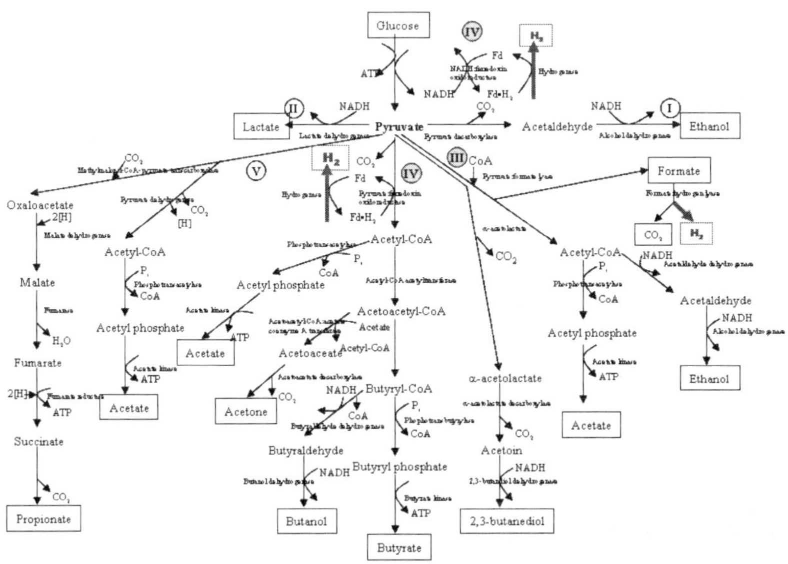

그림 3-9. 바이오매스의 혐기성 발효 경로

혐기적 조건에서 발효를 이용하면 다양한 범위의 기질, 유기성 폐기물 등으로부터 수소 생산이 가능하다. 유기성 물질로는 주로 탄수화물, 즉 포도당이 가장 선호되는 탄소원으로 이용되고, 발효 과정을 거치면서 수소와 함께 초산(acetic acid) 혹은 butyric acid 등이 발생한다.

$$C_6H_{12}O_6 + 2H_2O \rightarrow 2CH_3COOH + 2CO_3 + 4H_2$$
$$C_6H_{12}O_6 \rightarrow CH_3CH_3CH_3COOH + 2CO_2 + 2H_2$$

2) 수소생산 미생물

포도당을 기질로 이용하는 혐기성 미생물은 종속 영양성 미생물(chemohetrotroph)로 발효의 최종 산물은 피루브산이다. 대표적 미생물로는 클로스트리디움(*Clostridium*)과 장내세균 (enteric bacteria) 등이 있다. 이론적으로 혐기성 미생물은 포도당 1 mole당 4 mole, 통성 혐기성 세균은 2 mole의 수소를 생성한다. 통성 혐기성 세균은 산소에 덜 민감하여 잔존하는 산소에 의해 배양이 손상을 입어도 수소생산 반응이 재생 가능하여 수소생산 공정에서 혐기성 미생물보다 통성 혐기성 미생물이 선호될 수 있다.

이론적으로 수소 생산은 최대 1mole의 포도당에서 4mole의 수소를 생산할 수 있으나 실제 최대값을 얻기는 쉽지 않다. 표 3-3을 보면 단일 미생물을 이용하거나 혼합미생물을 이용한 경우 실험실에서 얻을 수 있는 최대 수소 생산효율을 정리되어 있다. 최대 수소 생산 효율은 1 mole의 glucose에서 2.76 mole의 수소를 얻은 것으로 나와 있다. 이러한 수치들은 상용화를 위해서 해결해야할 문제가 많지만 타 수소생산 방법보다 경제성을 가질 수 있다고 판단된다.

표 3-3. 다양한 탄수화물 기질과 공정을 이용한 수소생성 수율의 비교

Organisms	Substrates	Process	Maximum yield (mol H_2/mol substrate)
Rhodopseudomonas palustris P4	Glucose	Batch, with intermittent purging of Ar	2.76
Enterobacter aerogenes Hu-101 (mutant AY-2)	Glucose	Batch(Blocking metabolites formation)	1.17
Enterobacter aerogenes	Molasses	Ar sparging, batch	1.58
Enterobacter aerogenes	Molasses	Batch	0.52
Clostridium butyricum	Glucose	N_2 sparging continuous	1.4-2.3
Mixed culture (Predominantly *Clostridium* sp.)	Glucose	N_2 sparging continuous, HRT:8.5h	1.43
Mixed miroflora	Wheat starch co-product	N_2 sparging continuous	1.9
Mixed miroflora	0.75% soluble starch	Chemostat HRT:17h	2.14
Mixed miroflora (mesophilic)	Sewage-sludge	Anaerobic and acidogenic digestion	1.7
Enterobacter cloacae IITBT08	Glucose	Continuous (Immobilized bioreactor)	2.3
Enterobacter cloacae DM11	Glucose	Continuous (Immobilized bioreactor)	3.8
Citrobacter sp. Y19	Glucose	Batch Ar sparging	2.49

3. 바이오매스 이용 생물학적 수소생산 기술

가. 바이오매스 전처리기술

바이오매스를 혐기성 미생물들이 이용하기 위해서는 먼저 가용화되어야 한다. 바이오매스 가용화를 위해서 그림 3-10과 같이 물리학적, 화학적 또는 생물학적 방법 다양한 기술들이 연구되고 있다.

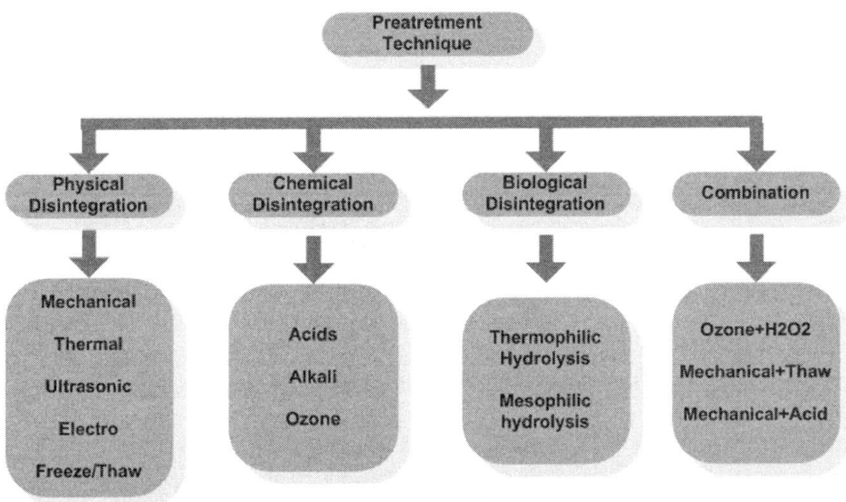

그림 3-10. 바이오매스 전처리를 위해 검토되는 기술

그림 3-11은 전처리된 바이오매스를 이용하여 혐기성 수소 생산 가능성을 비교한 실험결과이다. Glucose 20 g/L와 비교하여 수소생산 잠재성을 비교한 결과, 전처리된 바이오매스에서 생산된 수소의 양이 적으나 다양하게 전처리된 시료에서 혐기성 미생물에 의해 수소가 발생되었다.

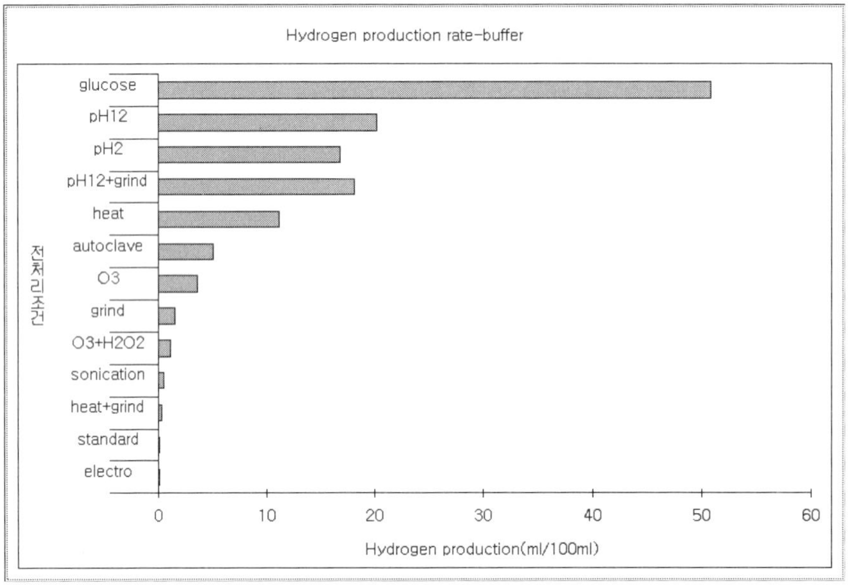

그림 3-11. 슬러지 전처리에 따른 수소 생산성 비교

나. 바이오매스 이용 수소생산 미치는 인자

바이오매스를 이용하여 혐기성 조건에서 수소 생산에 미치는 인자들에는 pH, 온도, 수소분압 등 다양한 인자들이 있으며 이러한 인자들의 영향에 대한 연구들이 활발히 진행되고 있다. 혐기성 발효에서 수소생산은 산발효 과정 중에 발생되며 pH 5~ 5.5 범위의 산성조건이 좋은 것으로 알려져 있다. 그러나 유기물원에 따라 수소생산량이 다르게 나타나고 최적 pH와 온도에 서로 다른 것으로 보고되고 있다. 표 3-4를 보면 음식물쓰레기의 경우 pH 4.5에서 최대치를 보였고 starch에서는 pH 6, cellulose는 pH 7, sucrose나 glucose는 pH 5.5에서 수소생산량이 높은 것으로 나타나고 있다.

표 3-4. Comparison of hydrogen yield

Feedstock	pH	Temperature (℃)	Hydrogen yield (mL/g-carbo hydrate)	Yield[c](%)
Rice	4.5	37	346	62.6
Starch	6.0[a]	55	92	16.6
Cellulose	7.0[a]	37	72	13.0
Cellulose	7.0[a]	60	193	34.9
Sucrose[b]	5.5	36	280	53.4
Glucose[b]	5.5	37	261	52.2

[a] Initial pH

[b] continuous experiments

[c] Assuming carbohydrate was totally converted into hydrogen and acetate

온도의 경우도 수소생산에 영향을 미치는 것으로 보고되고 있다. 그림 3-12에서 볼 수 있는 것과 같이 중온성 수소생산 미생물이 고온성 수소생산미생물 보다 수소생산성이 높은 것으로 보고되고 있다.

수소생산반응과정에서 수소분압도 수소생산성에 영향을 미치는 것으로 나타나고 있다. 수소발효과정에서 수소분압이 높아지게 되면 수소를 이용하여 이산화탄소를 환원시키는 반응이 시작되어 생산된 수소가 소비되기 시작한다. 그림 3-13을 보면 반응기내의 축적된 수소의 양이 감소하기 시작하는 것을 볼 수 있고 수소를 탈기한 후에는 축적된 수소의 양이 다시 증가하는 것을 볼 수 있다. 이러한 실험을 통해서 수소분압이 수소이용 기작을 유발시킨다는 것을 알 수 있고 수소 탈기가 수소생산을 최대화하기 위해 필요하다는 것을 알 수 있다.

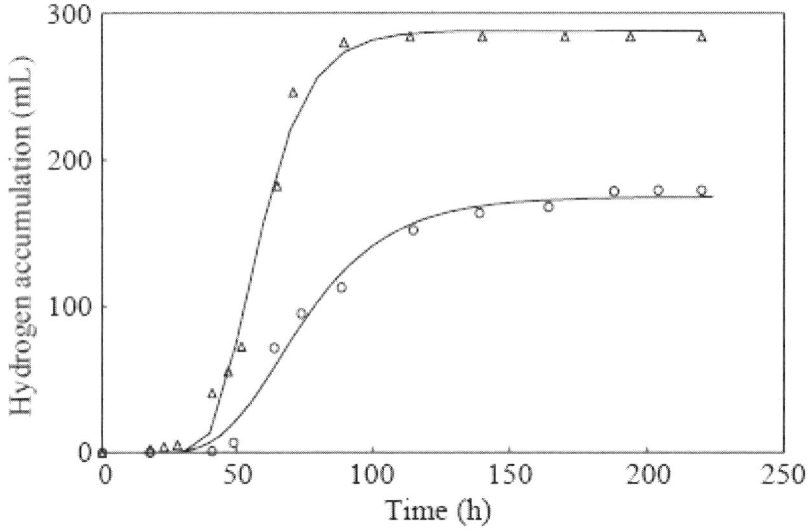

그림 3-12. Cumulative hydrogen production at two temperature (△ 37℃, ○ 55℃)

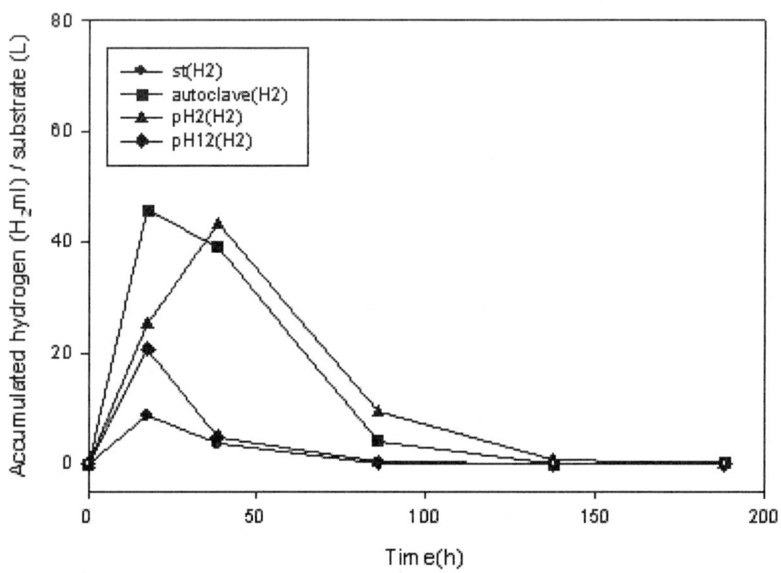

(a) 수소 탈기전

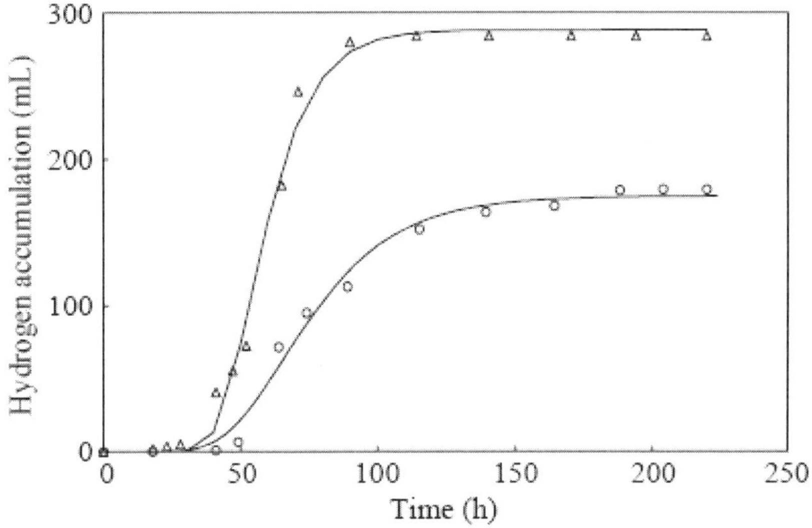

(b) 수소탈기후

그림 3-13. 수소 탈기 전후의 수소 생산성 비교

다. 미생물 군집 분석

Mixed culture을 사용하여 수소발효를 하는 경우 안정적인 수소 생산을 확보하기 위해서는 미생물 군집변화를 모니터링 할 필요가 있다. 미생물 군집변화 모니터링을 위해서 PCR-DGGE 방법을 많이 이용하고 있다. 그림 3-14은 회분식 반응에서 미생물 군집변화를 모니터링한 결과를 보여주고 있는데 수소생산이 시작되어 시간에 따라 수소 생산 미생물들이 증가하면서 미생물 군집에 변화가 일어남을 알 수 있다. DGGE 분석후 cloning-sequencing analysis한 결과 *Clostridium*이 주종을 이루고 있는 것으로 나타났다.

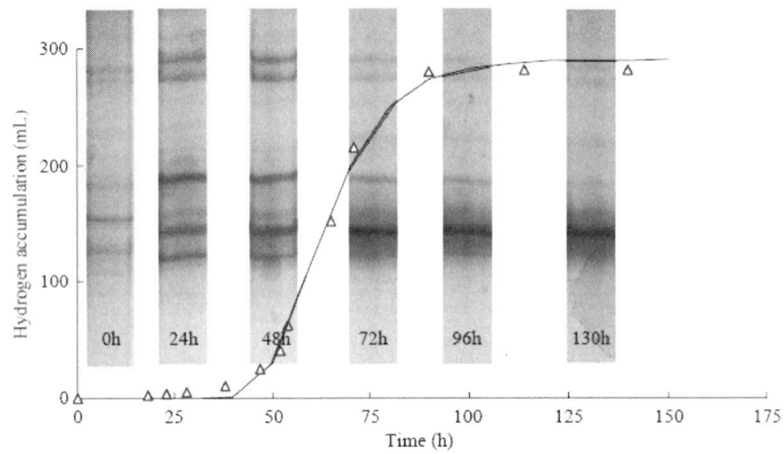

그림 3-14. DGGE profiles at pH 4.5 over 130 hour and the corresponding hydrogen accumulation

라. 수소발효 반응기 형태

표 3-5. 수소발효반응기 형태에 따른 수소생산효율 비교

Reactor type (working vol.L)	Microorganism	Support matrix	Operation period(d)	HRT	Carbon source	Biomass (gVSS/L)	Volumetric H_2 production rate(mmol H_2/L/d)	H_2 yield (mol H_2/mol glucose)
Packed bed (3)	Mixed culture	Activated carbon	13	1	sucrose	14.6	1,188	1.1
Packed bed (0.25)	Enterobacter	Lignocellulosic	40	1.08	glucose	44	1,814	-
Packed bed (0.09)	E *Aerogems*	Self flocculated cell	18	1.49	glucose	17	1,392	1.1
Packed bed (0.075)	E *Aerogems*	Porous glass	8	1	glucose	-	803	0.73
UASB (3)	Mixed culture	Biogranule	230	8	glucose	3.6 -7.8	271	1.5
CSTR (4)	Mixed culture	-	100	13.3	glucose	3.6	184	1.63
CSTR (2.3)	Mixed culture	-	62	8.5	glucose	1.45 -1.06	119 -189	0.85 -1.43
Chemostat type digester (4)	Mixed culture	-	-	6	glucose	1.2 -1.9	711	1.7
Chemostat type digester (1)	Mixed culture	-	-	2	glucose	-	47	-
Sequential batch reactor (5)	Mixed culture	-	-	4	sucrose	4.4 -7.6	470	1.4

수소발효 실험은 대개 실험실 규모에서 수행되었고 반응기 형태는 표 3-5에서 나타난 것과 같이 packed-bed, CSTR (Continuous Stirred Tank Reactor), UASB (Upflow Anaerobic Sludge Blanket), Chemostat 형태의 반응기들이 사용되었다. 수소발효 미생물은 일부 단일 미생물을 이용하기도 하였지만 대부분 혼합배양을 사용하여 단일 미생물 배양에 따른 비용과 노력을 줄이고자 하

였다. 기질은 glucose와 sucrose를 사용하였고 수소 생산효율은 Packed bed 형태의 반응기에서 최대 1,814 mmol H_2/L/d을 얻은 것으로 나타났다.

4. 바이오매스를 이용한 수송용 연료 생산

가. 서론

지구상에서는 13 테라와트의 에너지가 사용되고 있으며 이중 80%가 화석연료로부터 생산되고 있다. 이는 인류의 생존을 위해서는 화석연료의 지속적인 공급과 사용이 필수불가결한 요소 중의 하나일 수 있음을 보여주는 것이다. 그러나 화석연료는 점차 매장량의 한계를 드러내고 있으며 화석연료의 연소 시 발생하는 지구온난화 가스로 인한 생태계 교란과 기후변화는 안정된 생활을 위해 화석연료를 사용하는 인류를 위협하고 있다. 이러한 위협으로부터 벗어나 지속 가능한 인류의 발전이 영속되기 위해 필요한 기술의 개발이 시급한 실정이다. 현재 화석연료에서 얻고 있는 에너지를 탄소중립적 에너지원으로부터 생산하여 활용하는 기술이 하나의 해결방안이 될 수 있을 것이다.

탄소중립적인 에너지원으로 관심을 받고 있는 것이 바이오매스로부터 에너지를 생산하는 기술이다. 경제성 있는 에너지를 확보하기 위해서는 원료로 사용되는 바이오매스의 특성, 확보방안과 더불어 원가가 매우 중요한 고려 대상이다. 국내에서 가용 가능한 바이오매스로는 농산림부산물, 목재류, 유기성 슬러지, 음식물류

폐기물 등이며, 볏짚, 왕겨 등의 농부산물은 연간 14,161 천 톤이 발생되고 임목벌채, 숲가꾸기사업 등으로 인해 발생하는 산림부산물은 연간 7,030 천 톤으로 추정되는데 이를 바이오에탄올의 원료로 사용할 경우 약 420만 kL의 바이오에탄올을 생산할 수 있을 것으로 추정된다. 또한 국내에서 생산되는 옥수수, 고구마, 감자와 같은 전분질계 바이오매스를 모두 바이오에탄올의 원료로 사용할 경우 약 17만 kL의 에탄올을 생산할 수 있을 것으로 추정된다.

2000년 초반 고유가가 시작된 이후로 전 세계적으로 수송용 바이오연료 생산이 급증하고 있다. 수송용 바이오연료 중에서도 상업적 발효 공정이 개발된 바이오에탄올 생산이 급증하였는데, 국제적으로 미국, 브라질, 캐나다, 스웨덴 등에서 바이오에탄올을 자동차 연료로서 사용되고 있으며, 중국, 호주, 일본 등에서도 적극적으로 에탄올 사용을 도입하고 확대하는 움직임을 보이고 있다.[6)] 2005년 에탄올의 총생산량은 460억 리터이며 각국 생산현황은 미국과 브라질이 167억과 166억 리터로 전체의 약 72%를 점하고 있으며 다음으로 중국이 38억 리터, 인도가 17억 리터, 러시아가 7.5 억 리터, EU 각국의 합계는 30억 리터, 일본은 1.1억 리터이다. 2012년에는 바이오에탄올 생산량이 650억 리터로 현재의 1.7배로 증가될 것으로 예상된다.

바이오매스로부터 생물학적 공정에 의해 생산되어지는 수소용 액체 바이오연료로는 바이오에탄올과 바이오부탄올이 있다. 이러한 수송용 바이오연료는 식용작물(당질계 또는 전분질계)로부터 현재 상용화되어 생산되어지고 있는 1세대 바이오연료와, 식용으로 사용이 불가능한 섬유소계 또는 목질계 바이오매스로, 유기성폐기물 등으로부터 생산되는 2세대 바이오연료로 나눌 수 있다.

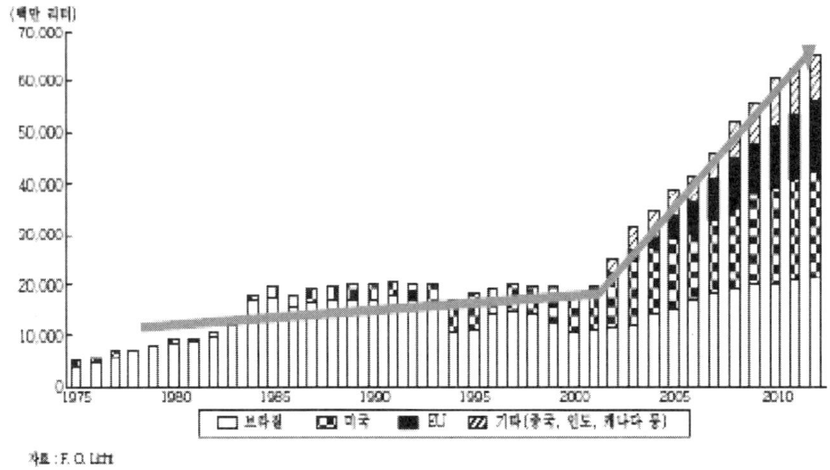

그림 3-15. Global ethanol production

출처: LG 주간경제, 877호(2006)

나. 바이오에탄올

1) 개요

바이오에탄올 생산은 사탕수수, 옥수수, 사탕무와 밀 등 당질계 및 전분질계 식용 작물로부터 생산되고 있으며, 현재 가동 중인 모든 상용화된 공정은 이러한 원료를 사용하고 있다. 미국의 경우 옥수수전분을 원료로 하여 바이오에탄올을 생산하고 있으며 브라질의 경우 사탕수수를 이용하여 바이오에탄올을 생산하고 있다. 하지만, 이와 같이 식용작물을 사용할 경우 인류의 식량문제와 부닥치게 되며 따라서 식량자원을 에너지원으로 이용하는 것은 적절하지 못하며, 앞으로 급속하게 증가하게 될 수송용 에탄올의 수요량을 충족시키기 위해서는 안정적인 바이오에너지 원료원이 될 수 있는 비식용 바이오매스를 활용한 에탄올을 생성하는 것이 필요하다.

2세대 바이오연료는 1세대 바이오연료와는 달리 식량 문제와 연계되지 않아서 원료 수급 안정성이 우수하여 세계 각 국에서 관심을 가지고 연구에 투자하고 있다. 미국에서는 2007년 목질계 바이오매스로부터 에탄올을 생산하는 상용 공정을 개발하기 위해 6개의 회사에 4년간 395백만 달러를 투자하였다.[8] 이들 공장들이 성공적으로 가동할 경우 미국은 2012년경 연 130백만 갤런의 바이오에탄올을 생산할 수 있을 것으로 예상된다. 캐나나는 폐목, 밀짚 등으로부터 에탄올 생산을 하기 위한 공장을 건설 중에 있고 일본은 2030년까지 E10을 실현할 목표로 모든 휘발유 사용 신차에 E10 연료를 사용할 것을 법제화하였고, 에탄올 수요를 충족시키기 위해 브라질 및 동남아시아와 활발한 협력을 진행 중에 있다.

미국의 경우 생산되어지는 모든 옥수수 전량을 바이오에탄올 생산 원료로 사용하더라도 미국 휘발유 수요의 20%만 대체 가능하다. 즉, 늘어나는 수송용 바이오연료 수요를 충당하기 위해서는 목질계 바이오매스 및 유기성 폐기물을 이용한 바이오연료 생산이 필수적이다. 하지만, 섬유소계 또는 목질계 바이오매스를 원료로 사용하기 위해서는 전처리와 당화 과정이 선행되어야 하는데, 여기에서 효과적인 전처리 기술 개발과 전처리시 생성되는 미생물 생장 저해 물질 제거 기술 등이 요구되어진다.[5] 또한, 유기성 폐기물을 이용한 에탄올 생산은 식용 작물로부터의 에탄올 생산보다 기술 개발이 어렵고, 생산 수율도 떨어지는 등 여러 공정 인자들이 개선되어야 경제적 바이오연료 생산이 가능하다.

2) 에탄올 생산 공정

가) 전처리 공정

바이오 에탄올 생산을 위해서는 가수분해과정을 통한 당화 과정이 필수적이다. 그림 3-16에 바이오매스로부터 에탄올을 생산하는 전체 공정의 개요를 보여주고 있다. 전처리 공정은 다음단계의 당화공정 및 발효공정의 효율 및 반응시간에 크게 영향을 주게 된다. 전처리 공정은 에탄올의 생산을 위한 원료인 전분질계, 목질계, 당질계 원료를 위해 이용되며, 특히 목질계 바이오매스의 경우에서는 필수불가결한 공정이다. 이러한 전처리 공정들은 급격한 발전을 이루고 있으며, 원료의 특성에 따라 적용방법이 다르다. 기술개발 초기에는 바이오매스 크기의 감소가 대부분이었으나, 최근에는 바이오매스의 구조 및 특성들을 변환시키는 기술개발들이 주를 이루고 있다. 전처리 공정은 크게 물리적, 화학적, 생물학적 방법으로 나누어지며, 이러한 방법들 중 원료의 특성과 처리효율에 따라서 전처리 기술들을 병합하여 사용하기도 한다.

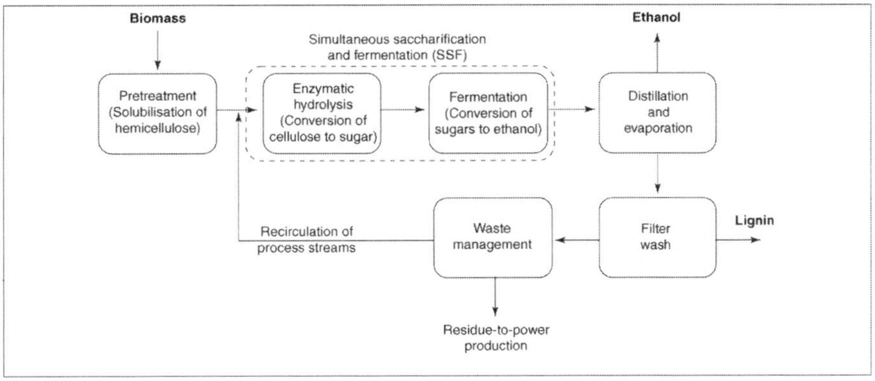

그림 3-16. Schematic flow sheet for the conversion of biomass to ethanol

출처 : B. Hahn-Ha¨gerdal et al. / TRENDS in Biotechnology, 24(2006)

① 물리적처리공정

바이오매스내에 존재하는 셀룰로스 결정들은 치핑(chipping), 분쇄(grinding) 그리고 제분(milling)과 같은 방법을 이용하여 분쇄될 수 있다. 일반적으로 chipping을 이용할 경우 바이오매스의 사이즈는 10~30 mm, 제분 또는 분쇄를 이용할 경우에는 0.2~2 mm정도의 사이즈로 되며, 특히 Vibratory ball milling을 이용할 경우 일반적인 ball milling보다 더 작은 사이즈로 분쇄가 가능하며 이후의 분해과정에도 보다 효율적인 것으로 알려져 있다.[21] 그러나 이러한 기계적 전처리 기술들은 장시간의 운전, 과다한 에너지 소모 및 고가의 기계장치 등을 필요로 하여 비용증가의 단점이 있다.

② 물리화학적공정

증기처리법(Steam explosion)은 목질계 바이오매스의 처리방법에서 널리 사용되고 있는 방법이다. 이 방법은 고압의 포화 증기를 이용하여 바이오매스를 분해하는 방법으로 일반적으로는 160~260℃의 온도와 0.69~4.83 MPa의 압력에서 수분간 반응한 후 압력을 낮추어서 팽창에 의하여 바이오매스를 처리하게 된다. 이 방법은 헤미셀룰로스(hemicellulose)의 분해와 리그닌의 변형을 통해서 셀룰로스(cellulose)의 가용화를 극대화 시킨다. 증기처리방법은 에너지 소모량이 낮으며 일반적으로 기계적인 처리방법은 증기처리방법에 비해 약 70% 이상의 에너지가 더 소모되는 것으로 알려져 있다. 이와 같은 장점에 비해 증기처리법의 단점은 다음단계의 미생물 공정에 유해한 영향을 미칠 수 있는 물질이 발생할 수 있다는 것이며 이러한 물질 및 헤미셀룰로우스 제거를 위한 공정이 필요하다.

Ammonia fiber explosion (AFEX) 는 고온과 고압을 이용한다는 점에서 증기처리법과 유사하지만 건조 바이오매스에 암모니아를 주입하여 반응시킨다는 점이 다르다. AFEX 전처리 방법은 일반적으로 목질계 바이오매스에서 주로 사용하며 다양한 바이오매스 원료에 대한 연구가 진행되고 있다 AFEX 처리는 리그닌 함유율이 높은 바이오매스에서는 효과적이지 않으며, 이러한 바이오매스를 AFEX로 처리할 경우 약 40-50%의 가용화 효율을 나타낸다.[24)] 암모니아 사용에 따른 환경오염에 대한 문제점이나 비용문제로 인해 처리된 암모니아는 회수하여 재사용하여야 하며, 이러한 회수 공정은 AFEX처리공정에 추가된다. 암모니아는 200℃ 이상에서 증기화되므로, 암모니아가 잔류하고 있는 바이오매스에 200℃이상의 온도로 증발시키게 되면, 잔류 암모니아를 추출할 수 있다. AFEX공정의 장점은 이후의 발효 공정에 해로운 물질을 발생하지 않는다는 것이며 따라서 물을 이용한 세척 공정이 추가로 필요하지는 않는다.

열분해(pyrolysis) 또한 목질계 바이오매스의 전처리법으로 사용되어져 왔다. 약 300℃ 이상의 온도에서 바이오매스가 분해되면서 가스생성물과 차르(char)를 생성하게 되는 방법으로, 낮은 온도에서는 반응속도가 늦어지고, 휘발성물질의 생성량이 줄어들게 된다. 묽은 산처리와 열분해 방법을 병합하는 경우에는 셀룰로스에서 환원당으로의 전환율이 약 80~85%로써 병합되지 않은 방법에 비해 50% 이상의 효율을 올릴 수 있다.

CO_2처리법(CO_2 explosion)은 앞서 언급한 스팀, 암모니아 처리방법과 유사하지만, CO_2를 사용한다는 점에서 다르다. 이 방법은 카르보닉산을 생성하여 높은 분해효율을 얻을 수 있다고 알려져 있다. Dale과 Moreira에 따르면 알파파 나무(alfafa)에 이러한 방법을 적용하여 효소가수분해 하는 경우에 24시간 동안 75%의 이론적 포도당 전환율을 보였으며, 이러한 전환율은 앞선 기술방법인 스팀처리나 AFEX 처리법과 비교하면 낮은 전환율이지만, 전처리 없는 효소 처리만을 사용한 경우보다는 높은 전환율을 나타내었다고 보고하였다.

오존처리방법(Ozonolysis)은 리그닌과 헤미셀룰로스 등을 분해가능하며 뛰어난 리그닌 제거효율과 독성잔류물을 생성하지 않고 상온 상압에서 사용가능하다는 장점이 있으나, 헤미셀룰로스의 처리효율은 낮고 셀룰로스에는 거의 작용하지 않는다는 것이 단점이며 대량의 오존사용에 따른 비용부담의 단점도 있다.

황산이나 염산과 같은 강산을 사용하는 산처리(Acid hydrolysis) 경우에 바이오매스의 가용화 효율은 높으나, 강산자체의 독성과 부식으로 인한 반응기의 독성 및 부식방지공정 설치에 따른 추가비용이 문제가 되며 경제적인 공정을 위하여 사용한 산을 회수해야 된다는 단점이 있다. 하지만 묽은 산을 이용하는 경우에는 이러한 문제점을 절감시키고 셀룰로스의 가용화 효율을 높게 하여 공정에 적합하다고 보고되고 있다. 이러한 산처리는 자일로스(xylose) 분해에 비해 자일란(xylan)의 용해 속도를 증가시킨다는 보고가 있으며 묽은 산을 이용할 경우 자일로스의 전환율이 높다는 보고가 있다. 이는 목질계 바이오매스의 경우 총 탄수화물량에 대해 자일란이 높은 함유량을 차지하고 있기 때문이다. 묽은 산처리 방법은 셀룰로스의 가용화효율은 높으나 일반적인 증기처리나 AFEX와 같은 물리적인 전처리 방법에 비해 높은 비용을 수반한다고 알려져 있으며 이후의 효소 및 발효 공정을 위하여 중화공정이 필요하다.

알칼리 처리는 그 효율이 리그닌 함량에 따라 크게 달라지며 그 분해 메카니즘은 자일란, 헤미셀룰로스와 다른 구성성분들 간의 에스테르결합을 saponification하는 것으로 알려져 있다. 희석된 수산화 나트륨처리는 바이오매스의 팽창을 유도하며 이로 인한 내부표면적의 증가, 결정화도의 감소, 리그닌과 탄수화물의 구조적 결합 분리 그리고 리그닌구조의 분열 등을 유발하게 된다.

일반적으로 염기처리는 셀룰로스의 분해도를 향상시키는 것으로 알려져 왔으나 경제성과 이에 수반된 회수의 어려움으로 인하여 연료나 화학물질의 생산에는 적합하지 않은 것으로 알려져 왔다. 그러나, 암모니아를 이용한 방법의 경우는 최근에 암모니아의 휘발성을 이용한 회수방법으로 인하여 셀룰로스 처리에 효과적인 것으로 나타나 있다. 이 외에 유기용매를 사용하는 공정도 있으나 후단의 효소 및 발효 미생물 공정과의 결합에 저해를 주는 이유로 최근에는 연구가 되지 않고 있다.

③ 생물학적처리

생물학적처리는 미생물을 이용하여 바이오매스의 리그닌과 헤미셀룰로스를 분해하는 방법이다. Brown rot는 셀룰로스를 주로 처리하며, white와 soft rot는 리그닌과 셀룰로스를 처리한다. *Ceriporiopsis subvermispora*와 *Cyathus stercoreus*의 두 가지 미생물을 이용하여 바이오매스를 처리한 결과 29-32 와 63-77%의 전환율을 나타낸 결과가 보고되었다. 이러한 생물학적 처리의 원리를 살펴보면 *P. chrysosporium*종을 예로 들어 미생물이 리그닌 분해효소인 lignin peroxidase와 manganese peroxidase를 분비하여 체외에서 바이오매스를 분해하게 되며 이를 탄소원과 질소원으로 사용하게 된다. 이러한 효소 이외에도 polyphenol oxdases, laccases 등 효소들이 리그닌을 분해하게 된다. 생물학적 처리는 적은 에너지 소모량과 상온 상압의 조건에서 사용 가능하다는 장점이 있지만, 대부분의 가용화 처리효율은 매우 낮으며 대부분의 당이 아직도 저중합체로 나오는 단점이 있다.

나) 당화공정(Saccharification)

당화공정은 바이오매스가 포함하고 있는 고분자 탄수화물(poly saccharide)을 저분자 당류(mono-saccharide)로 전환하는 과정이다. 이 공정을 통해 바이오매스는 에탄올발효 미생물들이 기질로써 이용할 수 있는 단당류로 전환되며, 일반적으로 효소를 이용하여 처리하게 된다. 효소를 사용하는 이점 중 하나는 대개 특정한 반응에 대하여만 촉매작용을 하므로 부산물의 생성이 적다는 것이다. 둘째로는 생물공정은 상온, 상압 반응에 부식성이 없으므로 시설비가 적게 들며 반응되지 않는 성분(바이오매스의 경우 리그닌 등)은 배출되어 다른 용도로 쓸 수 있다. 마지막으로, 생물공정은 새로운 공정 및 기술 개발이 계속되고 있으므로 공정 개선 및 경제성 제고가 용이하다는 것이다.

셀룰라아제(cellulase)는 복합효소이며, endoglucanase, exoglucanase 및 β-glucosidase 등의 3가지 효소로 구성되어 있다. 셀룰라아제의 가수분해 단계는 먼저 endoglucanase효소가 셀루로우즈 섬유의 연결고리들을 분해한 후 exoglucanase 또는 cellobiohydrolase가 연결고리가 포함하고 있는 셀로바이오스(cellobiose) 결합들을 제거하고 β-glucosidase가 셀로바이오스에서 포도당으로 전환시키는 과정을 거치게 된다. 셀룰라아제 중 헤미셀룰로스를 분해하는 효소들은 glucuronidase, acetylesterase, xylanase, β-xylosidase 그리고 galactomannanase들이 있다. 효소가수분해를 사용하는 경우에는 효소의 사용량에 따른 공정의 비용이 높아지므로 반응기의 고형 잔재물에 포함되어 있는 효소를 재사용하기 위해 회수를 하기도 한다.

셀룰라아제의 활성도는 셀로바이오스에 의해 저해되며 이러한 inhibition을 막기 위해서 효소의 농도를 높게 사용한다거나, β-glucosidase를 첨가하거나, 반응기에 분리막(Ultrafiltration: UF)을 연결하여 당을 제거하는 방법들을 사용하였으나, 최근에는 simultaneous saccharification and fermentation(SSF) 공정을 사용하여 이러한 문제점을 해결하고 있다.

다) 에탄올 발효 공정

에탄올 발효는 분리당화발효공정(separate hydrolysis and fermentation, SHF)과 동시당화발효공정(simultaneous saccharification and fermentation, SSF)로 나누어지게 된다. 분리당화발효공정은 당화공정(saccharification)과 에탄올 발효(ethanol fermentation) 공정을 각각 다른 반응기에서 수행하는 것으로 당화과정과 발효과정 각각에 반응하는 효소와 에탄올발효미생물에 최적의 조건에서 반응시킬 수 있다는 장점이 있다. 하지만 분리당화발효공정은 당화공정과 발효공정을 따로 하여 당화공정에서의 셀룰라아제의 중간생성물과 최종생성물인 셀로바이오스와 포도당의 반응기내에 축적됨에 따라 효소의 활성도에 inhibition에 따른 문제로 인해 반응이 종결된다는 단점이 있다. 이를 위해서는 셀로바이오스를 분해하는 β-glucosidase를 추가적으로 주입하는 방법과 효소의 농도를 높게 하는 방법, 그리고 반응기에 분리막을 설치하여 glucose를 제거하는 방법들을 사용하였으나, 이는 공정의 비용이 비싸기 때문에 경제적이지 않다.

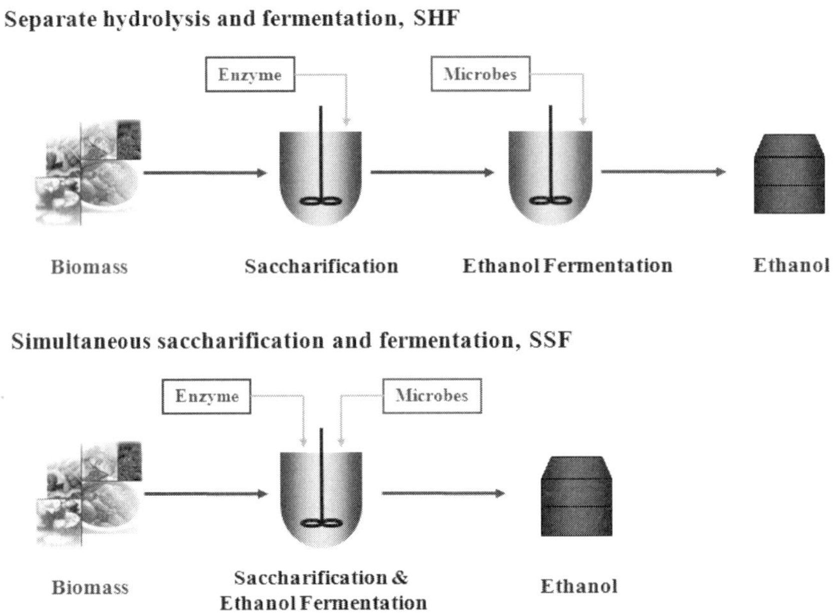

그림 3-17 분리당화발효공정과 동시당화발효공정의 흐름도

동시당화공정은 당화공정과 발효공정을 동시에 함으로써 효소가 바이오매스를 당화시켜 단당류가 생성되면, 에탄올 발효미생물이 생성된 당을 사용하여 에탄올을 생산하게 되어 반응기에 글루코스의 축적을 최소화 할 수 있다. 동시당화발효공정과 분리당화발효공정을 비교하였을 때 이점들은 (1) 셀룰라아제의 활성도가 저해되지 않으므로 효율이 증가하며, (2) 효소사용량이 낮고 (3) 최종산물로의 전환 효율이 높으며, (4) 생산된 글루코스를 바로 에탄올로 전환되기 때문에 이에 따른 멸균의 필요도가 적고, (5) 반응시간이 짧으며 그리고 (6) 한 개의 반응기를 사용하기 때문에 반응기의 사이즈가 작아진다는 것들이 있다.

그러나, 동시당화발효공정의 경우 몇 가지 문제점들을 수반하게 된다. 첫 번째로는 온도에 따른 문제점으로써, 당화효소와 에탄올 생산 미생물의 최적온도가 다르다는 점이다. 당화효소의 경우 45-50℃의 온도에서 최적의 활성도를 나타내며, 에탄올 생산 미생물의 경우 30℃에서 최적의 활성도를 나타내므로, 온도제어에 따른 공정의 문제점을 수반하게 된다. 이러한 문제점을 해결하기 위해 동시당화발효공정의 온도를 약 38℃로 하여 당화와 발효의 반응에 관여하는 효소 및 미생물에 저해가 없도록 하여 T. reesei 등이 *S. cerevisiae*를 이용하여 연구를 진행하였으며, Ball esteros 등에 따르면 *Kluyveromyces marxianus*와 *K. fragilis*를 이용하여 약 42℃에서 실험하여 0.5g ethanol/g cellulose를 생산한 결과도 보고되고 있다. 이러한 온도에 대한 문제점의 해결책 중 하나로써 에탄올 생산 미생물의 형질을 개량하여 고온내성 에탄올 생산 미생물을 만드는 연구가 시도되고 있다.

두 번째 문제점으로는 생산되는 에탄올로 인해 에탄올 생산 미생물과 당화효소의 활성도에 저해를 준다는 점이다. 이러한 문제는 생산되는 반응기에서 바로 분리(separation)하는 방법으로 처리 가능하며, 이러한 방법은 에탄올 추출과도 연계된다. 몇 가지 방법들이 공정에서 사용 되고 있으며, 그 중의 하나의 방법으로 gas stripping 방법이 있다. 이는 공정에 지속적으로 가스를 주입하여, 휘발성이 높은 에탄올을 반응기 밖으로 추출 후 콘덴서를 연결하여 이를 포집하는 방법으로 이를 이용하여 에탄올을 반응기에서 분리하여, 미생물 및 효소의 활성도에 저해를 없애도록 하는 것이다. 또한 효소 및 에탄올 생산 미생물에 에탄올 내성 형질을 개량시키는 연구와 고가의 효소 사용량 절감과 고농도의 에탄올 생산을 위해 당화 및 발효를 동시에 수행할 수 있는 재조합 미생물 등을 획득하기 위해 선진국에서는 지속적인 연구가 수행되어 지고 있다.

또한 리그노셀룰로스 물질들, 특히 단단한 나무나 곡물류의 미가공 물질들의 경우는 약 5-20%의 오탄당 자일로스(xylose) 및 아라비노스(arabinose)를 함유하고 있는데, 이들은 대부분의 발효공장에서 사용 중인 일반 균주인 *Saccharomyces cerevisiae*의 발효를 통하여 에탄올로 변하지는 않는다. 지금까지 자일로스는 가장 풍부한 오탄당이기 때문에 이 자일로스를 발효시킬 수 있는 균주의 개량도 중요한 연구 테마 이다.

라) 에탄올발효 미생물

에탄올발효에 이용되기 위한 균주의 특성으로는 바이오매스당 에탄올의 전환율이 높아야하고, 고온에서 이루어지는 효소가수분해 반응으로 높은 온도의 저항성을 가지고 있어야 하며, 에탄올에 대한 내성이 강하고, 낮은 pH에 대한 내성도 있어야 한다. 현재 에탄올 생산에 쓰이고 있는 미생물은 주로 효모이며 부산물이 적어 발효 후의 에탄올 회수가 편리하다. 효모는 사이즈가 박테리아보다 커서 취급이 용이하며 *Thermoanaerobacter, Pichia stipitis, Zymomonas mobilis*의 경우에는 일반적인 효모가 발효를 하지 못하는 5탄당(pentose)의 이용이 가능하여 많은 연구가 진행되고 있다. Gram-음성균인 *Zymomonas*는 열대지방에서 술의 제조에 사용된 경우도 있으며 특수한 대사경로를 통해 글루코스 1분자로부터 2분자의 에탄올을 생산하여 같은 양의 포도당에서 에탄올을 효모보다 약 5-10% 더 높은 수율로 생산한다. 바이오에탄올의 대량생산을 위해서 생산속도를 높이기 위해서 효모보다 유전적으로 변화시키기가 수월하여 *Zymomonas*의 에탄올 내성을 증가시키는 연구가 진행 중에 있다.

효모들 중에서는 *Saccharomyces cerevisiae, S. ellypsoideus, S.uvarum, S. fragilis, Schizosaccharomyces pombe* 등이 에탄올 생산에 주로 이용되고 있다. 또한 리그노셀룰로스의 주요 성분 중 하나인 자일로스를 분해하는 효모인 *Pachysolen tannophilus, P. stipitis* 와 *Candida shehatae* 등이 활발히 연구되어졌다.

*Saccharomyces*속의 효모는 세포의 모양이 보통 원형 또는 난원형인데, 때로는 길어지거나 드물게는 실 모양을 띄기도 한다. 보통 때는 출아(budding)를 통해 무성적으로 번식해 나가지만, 유성생식을 할 때는 세포상호간에 동태 또는 이태 접합을 한 후, 1-4개의 포자를 만든다. *Schizosaccharomyces*속의 효모도 유포자성(sporogenous)으로써, *Saccharomyces*속과 더불어 *Endomyceta seae*과에 분류되고 있다. 에탄올발효에 쓰이는 S. pombe는 세포의 크기가 약 3-4×6-15 ㎛ 정도이다. *Torula*와 *Candida*는 같은 속인데, 현재는 *Candida*로 통일되었다. *Candida*는 무포자성(asporogeneous) 효모이고, 세포는 원형이나 난원형 때로는 길어지기도 한다. 세포표면의 여러 곳에서 출아하여 번식한다.

효모가 에탄올발효에 이용되기 위한 균주의 특성으로는 (1) 바이오매스당 에탄올의 전환율이 높고, (2) 효소가수분해의 고온에 대한 저항성을 가지고 있어야 하며, (3) 에탄올에 대한 내성이 강하고, (4) 낮은 pH에 대한 내성도 있어야 한다. 일반적으로 에탄올생산에 사용되는 효모들은 pH 3.5-6.0, 28-35℃의 온도에서 생장하며 에탄올을 발효한다. 온도를 40℃ 정도까지 올리게 되는 경우에는, 초기에는 에탄올의 생산량이 높아지지만, 에탄올에 의한 inhibition으로 인해 전체적인 생산율은 떨어지게 된다.

효모는 에탄올에 대해 매우 민감하다. 에탄올의 농도가 1-2%(w/v) 정도로도 생장을 감퇴 시킬 수 있으며, 10%(w/v)에서는 효모의 생장이 거의 없어지게 된다. 발효시간이 길어지게 되면 에탄올은 미생물의 생장에 대한 비경쟁적인 Michaelis-Menten 억제를 일으킨다. 그러나 Brown 등의 연구에 의하면, 이런 억제의 직접적인 영향은 더 복잡하다. 효모배양의 대수생장기에 에탄올을 첨가하면 미생물의 생장률이 급격히 떨어지고, 효소의 비가역적 파괴로 인해 미생물의 생존율이 낮아지고, 이로 인해 에탄올 자체의 생산율의 저하를 초래하게 된다.

마) 유기성 폐기물을 이용한 에탄올 생산

농부산물, 축산분뇨, 음식물쓰레기와 같은 유기성 폐기물을 이용한 에탄올 생산에 대한 연구들도 많이 시도되고 있다. 특히 음식물쓰레기의 경우 우리나라의 쓰레기 발생량은 OECD 국가 중 여섯 번째로 많은 쓰레기 발생량을 갖고 있다. 경제성장과 인구증가로 인한 음식산업의 경제규모가 확대되면서 더욱 많은 폐기물이 발생하고 있는 실정이다. 우리나라의 음식문화 특성상 수분이 많이 함유되어 있어 다른 나라에 비해 음식물쓰레기의 배출량이 월등히 많다. 국내에서 발생하는 총 생활폐기물 중 음식물쓰레기가 차지하는 비율은 정부의 음식물쓰레기 감량화 홍보와 자원화 정책에 의해 점차 감소하는 추세를 보이고는 있으나, 그 감소폭은 매우 미비하다고 볼 수 있다.

음식물쓰레기의 구성 성분은 크게 단백질, 지방, 탄수화물, 수분으로 구성되어 있다. 이를 적절한 전처리 방법을 적용 할 경우 단백질은 아미노산, 지방은 지방산 그리고 탄수화물은 분자량이 큰 hemicellulose 및 cellulose들로 가용화된다. 이러한 가용화산물들을 기질로 이용하여 바이오알코올의 원료로 사용하면, 환경과 에너지 문제를 동시에 해결할 수 있다.

음식물쓰레기의 가수분해를 위해서 상용화된 효소를 이용한 전처리를 위해서 Viscozyme L과 Spirizyme Plus FG를 사용한 연구결과가 보고되었다. Viscozyme L는 Aspergillus aculeatus 유래 다중복합효소로서 arabanase, cellulase, β-glucanase, hemicellulase, xylanase 등을 포함하는 광범위 carbohydrases의 한 종류이다. 최적 활성 조건은 pH 3.3-5.5, 25-55 ℃이다. Spirizyme Plus FG는 Aspergilus niger 유래 1,4-alpha-D-glucan-glucohydrolase이다. 이 효소는 1,4- 및 1,6-alpha 결합을 가수분해하며 발효를 위해 분쇄된 곡류의 당화에 사용되는 효소의 일종이다.

표 3-6. 효소의 특징

product name	type of enzyme	state	color	activity	application and remark
viscozyme L	carbohydrase	liquid	clear brown	80 FBG[1]/g	Brewing industry Fruit water treatment Cell-wall degrading enzymes
Spirizyme Plus FG	glucoamylase	liquid	brown	400 AG[2]/g	Hydrolysis of starch Liquefaction of starch Saccharification of grains

1 and 2 indication the unit of glucoamylase and complex carboohydrases activity that the amount of enzyme liberates 1㎕ mol of glucose for 1 min from maltose and β-glucan, respectively

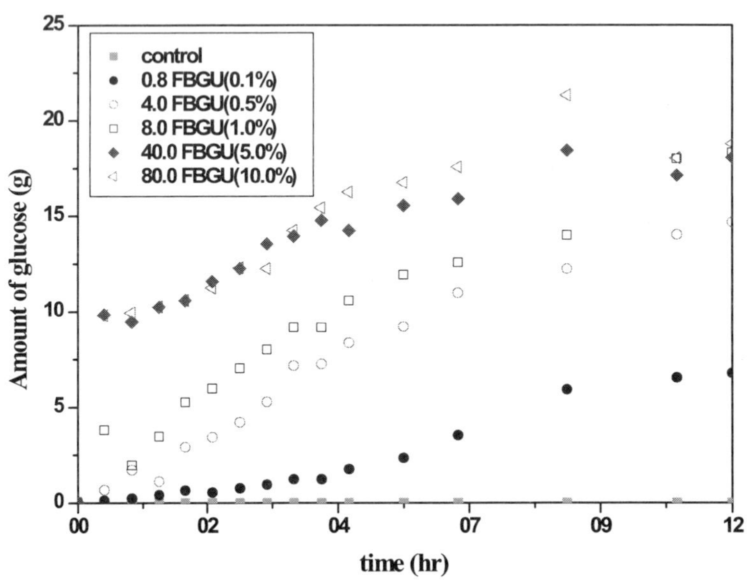

그림 3-19 효소(viscozyme L) 이용 시 건조 음식물쓰레기 기준 글루코즈 생산량

그림 3-19는 Viscozyme L의 주입농도에 따른 글루코스 생산량을 나타낸 결과이다. 글루코스 생산량은 효소의 주입농도가 증가할수록 높게 나타나며 5%의 효소 주입 이상에서는 큰 차이를 보이지 않는다. 건조 음식물쓰레기 기준 글루코스 생산량은 Viscozyme L 주입농도 10%에서 0.62 g- glucose / g-dry food waste, 5%에서 0.52 g- glucose / g-dry food waste, 1%에서 0.39 g- glucose / g-dry food waste 정도인 것을 알 수 있다. 또한 control에서는 글루코스 생산이 거의 없는 것으로 보아 효소의 주입의 영향이 크다는 것을 알 수 있다.(그림 3-20)

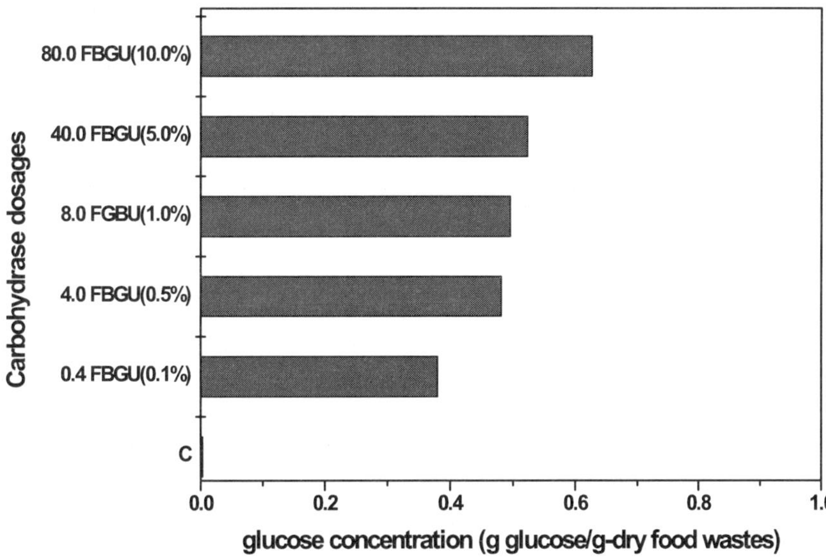

그림 3-20. 효소(viscozyme L) 이용 시 건조 음식물쓰레기 기준 글루코스 생산량

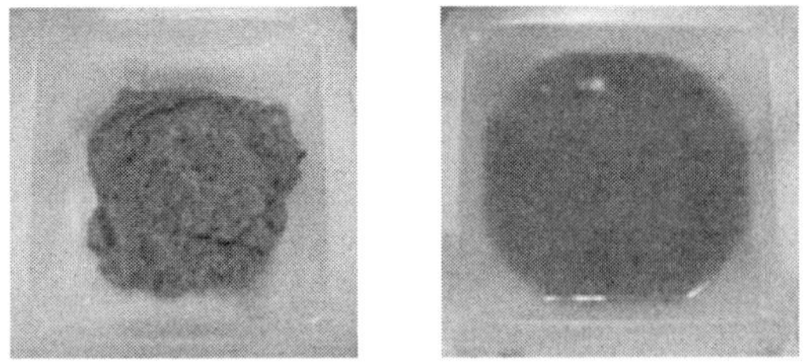

(a) (b)

그림 3-21. 효소(viscozyme L) 이용한 음식물쓰레기기의 가수분해 전(a), 후(b)

그림 3-21은 음식물쓰레기의 효소 투입 전(a)과 투입 후 약 12 시간이 지난 사진(b)으로 가수분해가 진행됨에 따라 가용화 이루어졌음을 알 수 있다. 효소 Spirizyme Plus FG를 이용한 음식물쓰레기 가수 분해 에서 Spirizyme Plus 효소는 고온(60-63 ℃)에서 최적 활성 조건을 가지고 있다. 따라서 Viscozyme L과 비교시, 글루코스 생산량과 반응속도가 우수할 것으로 생각되나 실제는 다르게 나타나고 있다.(그림 3-22)

그림 3-23은 동시당화공정을 이용한 음식물쓰레기의 에탄올생산량에 대한 보고된 결과로서 에탄올 생산과 동시에 효소가수분해로 인한 글루코즈에 생산도 동시에 이루어 진 것을 알 수 있다. 음식물쓰레기를 이용한 바이오에탄올 생산시 glucose가 0.49/g-dry food waste 정도 가능하고 ethanol이 41g/100g hexose 정도 가능한 것을 알 수 있다.

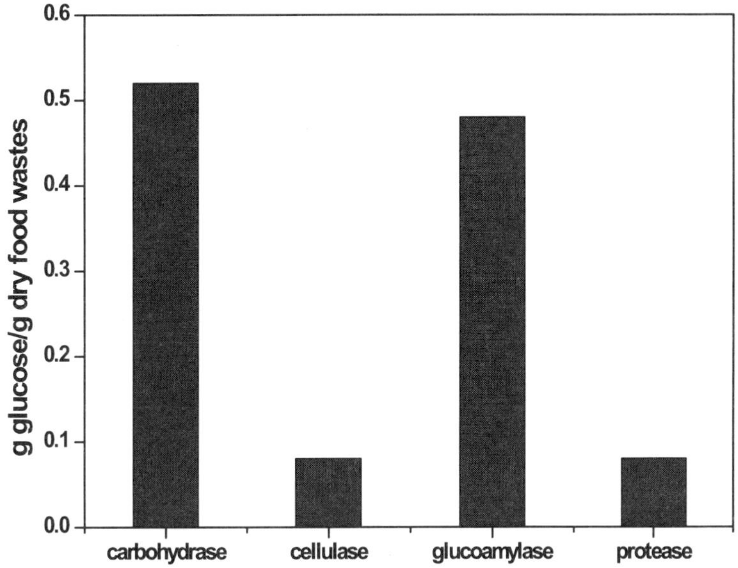

그림 3-22. 효소를 이용한 건조 음식물쓰레기 기준 글루코스 생산량

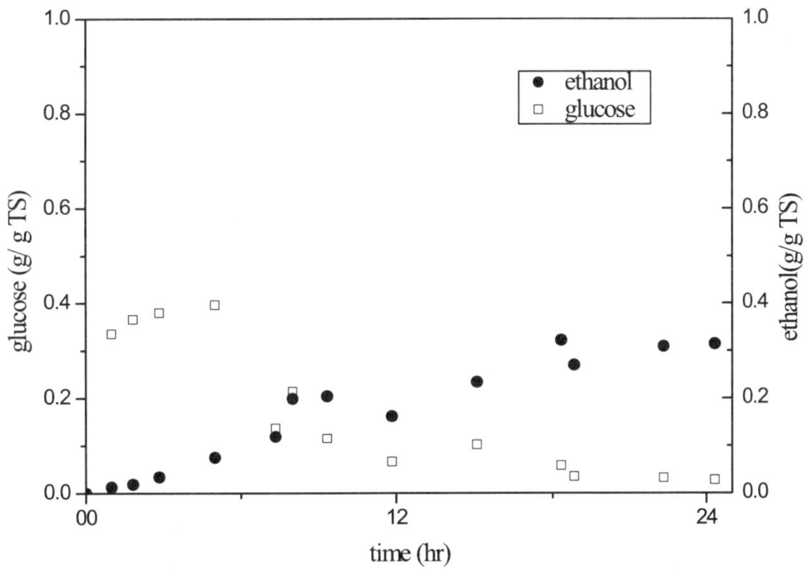

그림 3-23. 동시당화를 이용한 음식물쓰레기의 에탄올생산

다. 바이오부탄올

미생물을 이용한 부탄올의 생산은 1861년 Pasteur 의해 처음으로 보고되었고 1911년 감자에서 부탄올을 생산할 수 있는 균주가 분리되었다. 1914년에 *Clostridium acetobutylicum* 발견되었고 다양한 starch 물질들을 이용할 수 있는 능력들이 발견되어 이전 보다 acetone과 butanol의 생산효율을 높일 수 있었다. 그 이후 부탄올에 대한 수요가 증가하면서, 많은 국가에서 생산시설이 세워졌다. 2차 세계대전 중에는 acetone에 대한 수요가 증가하면서 생산시설들이 영국, 미국, 일본, 러시아 등에도 세워지게 되었다. 그림 3-24에서는 20세기 들어 미생물 발효에 의한 부탄올 생산의 역사를 보여주고 있다.

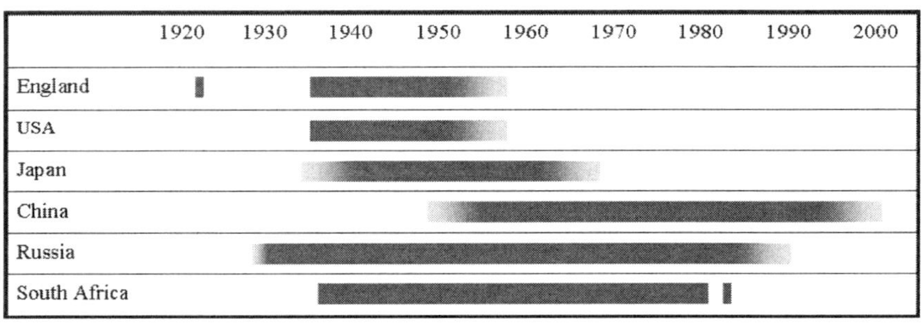

그림 3-24. Microbial production of butanol during the 20th century

출처 : Manuela stoberl et al. / Procedia Food Science,1867-1874(2011)

최근 들어 부탄올의 생성에 대한 연구가 다시 주목 받고 있다. 연료로서 부탄올은 에너지 밀도가 가솔린의 84%로서 에탄올에 비해 높은 에너지 밀도를 가지고 있고 낮은 함수율을 가지며, 기존의 자동차의 엔진의 수정 없이 바로 상용할 수 있는 등의 장점이 있다.[73] 에탄올은 친수성인 반면 부탄올은 소수성이어서 가솔린과 혼합시 상분리의 문제점을 극복할 수 있으며 부탄올은 기존의 주유 인프라를 그대로 이용가능하다. 이외에도 바이오에탄올보다 연소 효율이 높고 가솔린과의 혼합성이 뛰어나 고농도로 첨가할 수 있으며 증기압이 낮음으로 인해 기존의 가솔린 공급과 유통 경로 사용이 가능하다. 따라서 최근 디젤과 등유의 대체물로 부탄올의 필요성이 제기되고 있고 휘발유 대체제로서도 우수성에 관한 사실이 보고되고 있다.[74] 그러나 현재 개발된 바이오 부탄올 생산 공정이 식용 작물을 원료로 사용하기 때문에 농부산물, 산림부산물과 같은 비식용계 바이오매스를 이용한 생산이 요구되고 있다.

표 3-7. Comparison between ethanol and butanol

	Ethanol	Butanol
Energy density	66% of gasoline	84% of gasoline
Vapor pressure	Requires special blending stock	No issues
Handing	Sensitive to water	No issues
Infrastructure	Segregated	Exisiting
Blend	5% current max, likely increasing to 10%	Up to 17-18%, based upon equivalent oxygen content to ethanol at 10%
Feedstock	Sugar or starch crops. In future cellulose crops	Same as ethanol
WTT Emissions	Depends upon feedstock, process source of energy inputs. 20-50% lower than gasoline	Not expected to differ significantly from ethanol
Costs	Depends on location, feedstock process, destination of co-products source of input energy	Not expected to differ significantly from ethanol
Availability	available now	Available in commercial quantities post 2010

1) 부탄올 발효 미생물

발효에 의한 부탄올 생산은 화석원료로부터 부탄올이 값싸게 만들어지기 전에 많은 나라에서 시도되었다. 그 이후 부탄올 발효는 2007년 미국의 DuPont사와 영국의 BP사에서 연료 생산을 위한 부탄올의 발효의 시작을 공고하면서 많은 관심을 받고 있다.[75, 76] 최근 균주 개량을 통해 부탄올 생산성이 향상된 *C. beijerinckii* BA101 이나 *C. acetobutylicum* P260을 사용하여 가수 분해된 농업부산물의 발효 연구를 통해 농업 부산물이나 폐기물로부터 부탄올의 상업적 생성가능성이 조금씩 개선되고 있다. 바이오부탄올은 주로 *Clostridium* 속 균주의 혐기성 발효의 최종 산물로 생산되며 특히 용매 생성 단계를 가지는 *C. acetobutylicum, C. beijerinckii, Clostridium saccaroperbutylacetonicum, Clostridium saccharoacetobutylicum, Clostridium aurantibutyricum, Clostridium pasteurianum, Clostridium sporogenes, Clostridium cadaveris, Clostridium tetanomorphum* 등의 균주를 이용한 부탄올 생성 연구가 진행되고 있다. 이 중에서도 *C. acetobutylicum, C. beijerinckii, C. saccaroperbutylacetonicum, C. saccharoacetobutylicum* 는 높은 부탄올 수율을 얻고 있다. *C. acetobutylicum* 는 가장 먼저 상용규모로 사용된 균주로서 곡물을 원료로 사용되었다.

부탄올의 생성은 유기산 생성 단계 (Acetogenesis)와 용매 생성 단계 (Solventogenesis)로 나누어진다. 가장 잘 알려진 부탄올 생성균인 *C. acetobutylicum*의 발효 대사경로는 그림 3-25에서 보는 바와 같이 유기산 생성 단계에서는 butyrate, acetate등이 주로 생성되고 대수증식기를 지나면서 용매 생성 단계로 변화하여 분비된 유기산들이 흡수되어 부탄올과 아세톤으로 전환된다.

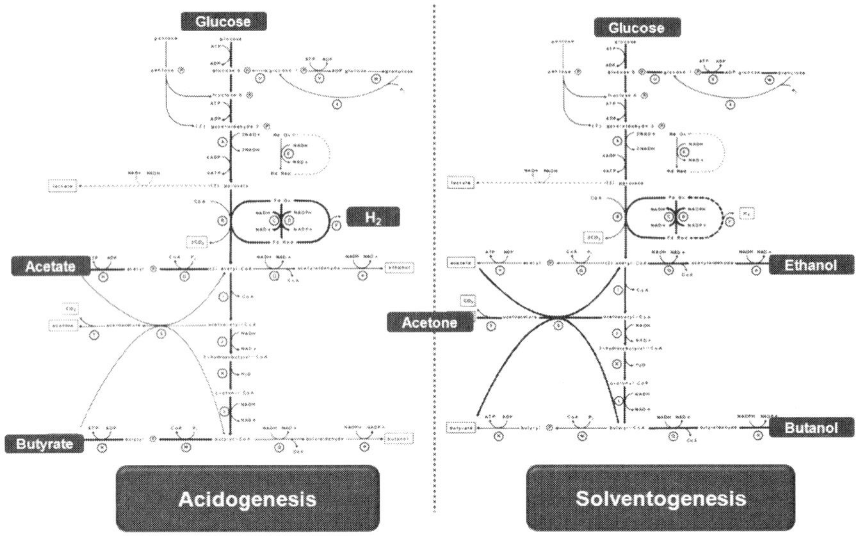

그림 3-25. Fermentation pathways employed by *Clostridiumacetobutylicum*

출처 : Baba S. I. et al. / Journal of Biotechnology 157, 605-612(2012)
Clare M. C. et al. / Metabolic Engineering, 14, 630-641(2012)

2) 부탄올 내성

부탄올에 대한 미생물 내성은 기술의 경제성을 좌우하는 중요한 인자이다. 그 이유는 부탄올에 대한 내성이 약해서 부탄올이 낮은 농도로 생성된다면 다음 단계의 분리공정에서 비용이 높게 소요되기 때문이다. 부탄올은 소수성이기 때문에 미생물의 cell membrane에 영향을 미쳐 그 기능을 수행하지 못하게 한다. 따라서 부탄올에 대한 내성을 가진 미생물을 개발하기 위한 다양한 시도들이 이루어지고 있다.

미생물들의 부탄올 내성을 비교하기 위하여 부탄올이 존재하지 않을 때의 미생물의 증식속도를 100%로 정하고 부탄올 존재하의 증식속도를 비교한 연구에서 24종류의 미생물들을 비교한 결과를 보면 미생물에 미치는 부탄올의 영향을 알 수 있다. 16종류의 yeast 중에서 4 종류만이 2%의 부탄올에서 증식이 가능했고 증식속도는 부탄올이 존재하지 않을 때의 20% 미만이었다. 그러나 일부 *S. cerevisiae* 는 14% 부탄올에서도 내성을 나타내었고 *Lactobacillus brevis*는 30%의 증식속도로 가장 부탄올 내성이 있는 것으로 나타났다. E. coli는 1% 부탄올 농도에서 70% 증식속도를 보였고 2% 부탄올에서는 증식이 되지 않았다.

3) 전처리공정

전처리공정은 바이오매스의 종류에 따라 결정된다. 그림 3-26에서처럼 sugar가 주성분인 바이오매스는 물리적인 전처리인 grinding가 필요하고, starch가 주성분인 바이오매스는 grinding, cooking 등의 전처리가 필요하고, lignocellulose가 주성분인 바이오매스는 grinding, hydrolysis 이외에 lignocellulose의 전처리에서 생성될 수 있는 독성물질을 제거할 수 있는 detoxification 공정이 필요하게 된다. 가수분해공정으로는 산처리, 효소를 이용한 처리 등이 있다. 산처리의 경우 0.5∼5%의 희석된 산을 사용할 경우 처리시간은 적게 소요되지만 1 MPa 이상의 고압과 120∼160℃의 고온이 필요하다. 고농도의 산을 사용할 경우 40℃의 낮은 온도에서도 가수분해가 가능하며 희석산을 사용할 경우보다 수율이 높다. 그러나 부식문제를 유발할 수 있으며 독성을 가진 부산물이 생성될 수 있다.

효소를 이용한 가수분해의 경우 brown rot fungus나 white rot fungus가 분비하는 glycoside hydrolase가 주로 사용된다. Brown rot fungus가 분비하는 효소는 cellulose와 hemicellulose를 분해할 수 있으나 lignin의 경우는 분해가 어렵다. 그러나 white rot fungus는 lignin을 분해하는 효소인 lignin peroxidase와 manganese peroxidase를 분비하여 가수분해의 효율을 높일 수 있다. Cellulase는 *Cellulomonas, Clostridium, Streptomyces*와 같은 박테리아에서 분비되며 *Aspergillus, Humicola, Phanerochaete and Trichoderma*와 같은 곰팡이류에서도 얻을 수 있다. 효소를 이용한 가수분해 반응에서 영향을 미치는 인자들로는 효소 주입량, 효소활성, pH, 온도, 교반 등을 들 수 있다. 이외에도 가수분해 대상 물질이 많을 경우 효소활성에 악 영향을 미치며 가수분해율을 낮추게 하는 원인이 된다. 효소를 사용하여 가수분해를 하는 경우 효소비용을 줄이기 위한 노력이 필요하며 반응기 내에서 재사용할 수 있도록 고정화하는 시도가 필요하거나 가수분해와 발효를 동시에 할 수 있도록 시도하는 것이 필요하다.

또한, 가수분해를 포함한 전처리 과정에서 부산물이 발생할 수 있다. 이러한 부산물들은 가수분해과정에 관여하는 효소와 발효반응에 영향을 줄 수 있는 독성물질인 경우도 있다. 이러한 물질들로는 furan 화합물 (furfural, 5-hydroxymethyl-furfural (5-HMF)), aliphati acids (acetic, formic and levulinic acids), phenolic 화합물 등을 들 수 있다. Phenolic 화합물로는 syringaldehyde, ferulic, p-coumaric acids 등으로 lignocellulose가 분해되는 과정에서 발생될 수 있으며 부탄올 발효에 악영향을 미칠 수 있다. 이러한 화합물들은 미생물의 cell membrane을 손상시켜 효율을 낮추는 원인이 된다.

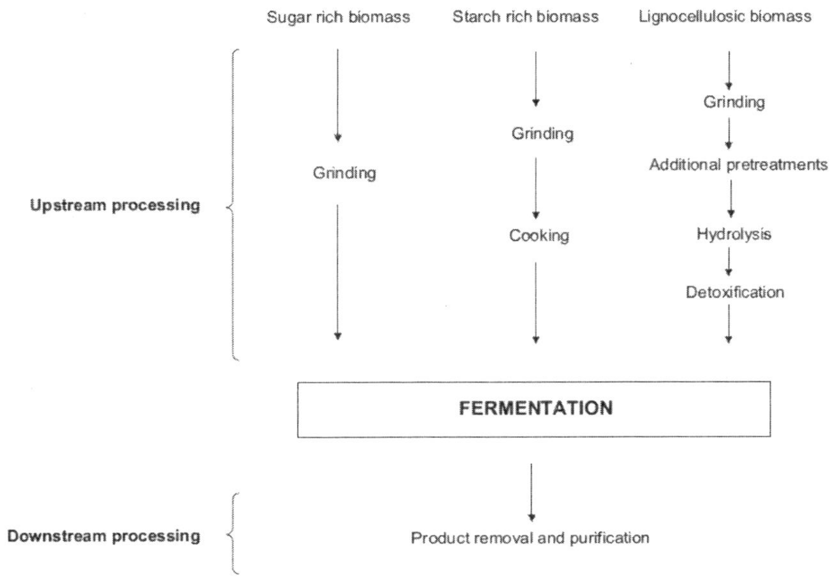

그림 3-26. Schematic diagram of butanol production from biomass

이와 같은 독성물질을 제거하기 위하여 생물학적 또는 물리화학적 방법들이 사용되고 있다. 가수분해 과정에서 발생되는 독성물질을 제거하기 위하여 이온교환수지를 사용하기도하며 생물학적 방법으로는 peroxidase와 같은 효소를 사용하여 phenolic 화합물을 99% 이상 제거가능하다고 보고된바 있다. 이외에도 독성물질에 견딜 수 있도록 유전자 조작을 시도하기도 하며 미생물 고정화를 이용하기도 한다.

표 3-8. Characteristic of hydrolysis process used for lignocellulosic

Hydrolysis process	Advantages	Disadvantages
Dilute acid (2-5wt%)	Low acid consumption Short processing time Acid recover may not be required	High pressure and temperature needed Not so effective for cellulose hydrolysis Formation of undesirable by-products Corrosion of equipments
Concentrated acid (10-30%)	Low temperature High yield of sugar production	High acid consumption Longer reaction time(2-6h) compared to dilute acid hydrolysis Corrosion of equipments Acid recovery process needed, extra energy input
Enzymatic	Mild conditions (40-50℃, pH 4.5-5.0) High yield of sugar production No formation of inhibitors	Cost of enzymes Long hydrolysis time(severa days) Feedstock pretreatment required

4) 부탄올 생산효율 향상

부탄올의 상업적 생산을 위해서 해결해야할 문제는 낮은 생산성이다. 부탄올은 용매로서 미생물에게 독성을 나타내기 때문에 부탄올을 생산하는 미생물이라도 악영향을 받게 된다. 낮은 생산성 문제를 해결하기 위해서는 고농도의 미생물 배양을 이용할 수 있다. 그러나 부탄올 발효과정에서 부탄올에 의한 영향으로 미생물의 활성저하가 나타나며 고농도의 배양을 어렵게 한다. 부탄올의 영향을 줄이기 위해 미생물의 고정화를 이용하기도 한다. 미생물이 고정화 되면 일부의 미생물은 부탄올에 대한 영향을 최소화 할 수 있기 때문이다.

그림 3-27에서 유리세포배양(Free cell culture)과 고정화세포배양(Immobilized cell culture)에서 부탄올 생산성을 비교한 결과이다. 유리세포배양에서는 세포배양농도가 4∼8 g/L 이고 생성된 부탄올의 농도는 5∼8 g/L 정도인 것을 알 수 있다.

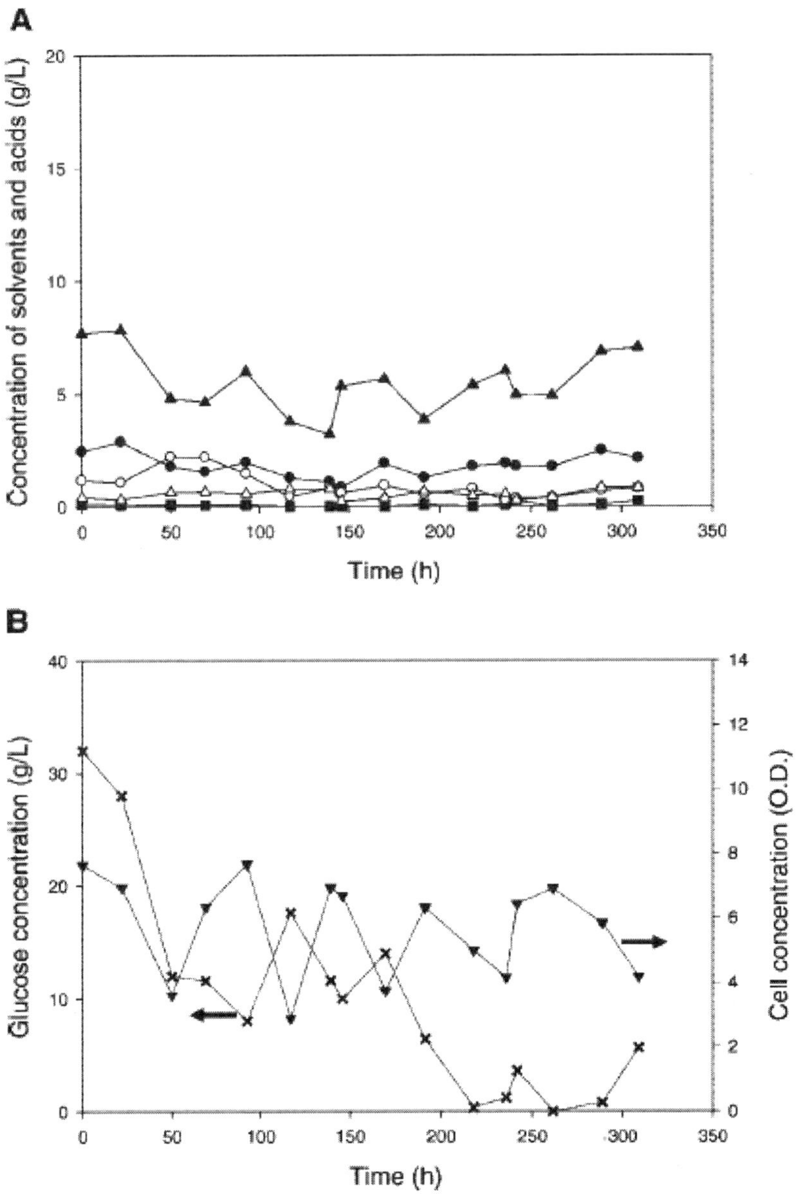

그림 3-27. (A) Solvent and acid concentrations and (B) OD and glucose concentrations in the suspended cell continuous reactor: (b) acetone, (9) ethanol, (2) butanol, (O) acetic acid, (4) butyric acid, (×) glucose, and (1) OD.

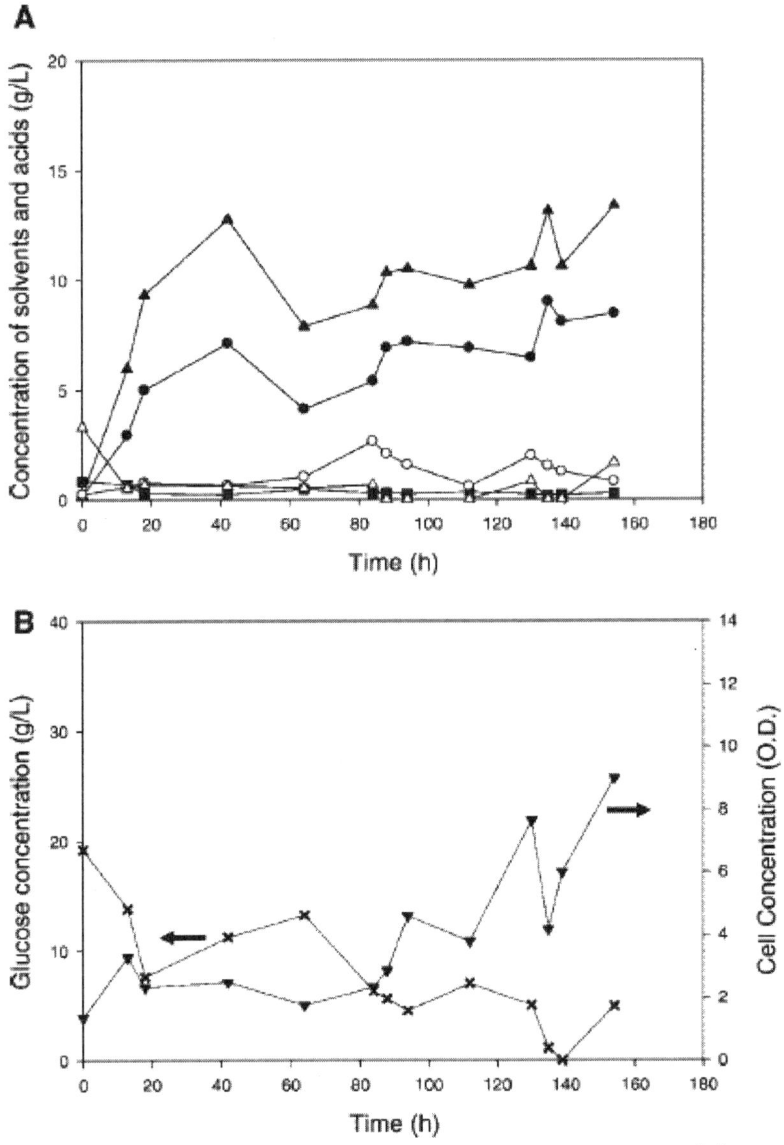

그림 3-28. (A) Solvent and acid concentrations and (B) OD and glucose concentrations in the immobilized cell continuous reactor: (b) acetone, (9) ethanol, (2) butanol, (O) acetic acid, (4) butyric acid, (×) glucose, and (1) OD.

출처 : Lee, S.M et al. / Energy & Fuels, 22, 3459-3464(2008)

그러나 고정화 세포 배양에서는 8 g/L이상으로 증가할 수 있고 생성된 부탄올의 농도도 10 g/L이상으로 향상될 수 있다는 것을 보여주고 있다. 표 3-9에서 두 가지 배양 방식에 대한 비교를 보면, 부탄올 생산성은 2배 정도 증가 할 수 있으며 acetone, butanol, ethanol 총 생산성은 2배 이상 증가할 수 있다고 보고 있다.

표 3-9. Comparison of Butanol Production in the Suspended and Immobilized Cell Reactors

	Free cell (at 309 h)	**immobilized cell (at 154 h)**
Butanol production(g/L)	7.1	13.4
Total ABE production(g/L)	9.4	22.1
Yield(g/g)	0.24	0.44
Productivity($gL^{-1}h^{-1}$)	0.22	0.40
Glucose conversion(%)	81.3	83.1
Acetone/butanol	1:3	1:1.9

출처 : Lee, S.M et al. / Energy & Fuels, 22, 3459-3464(2008)

5) 부탄올 생산 공정

부탄올 생산 공정은 크게 원료의 살균, ABE 발효, 분리의 3단계로 구성된다. 그림 3-29와 같이 molasses를 원료로 사용할 경우 발효에 필요한 영양성분을 첨가한 배지에 원료를 첨가하여 전처리를 포함한 살균과정을 1단계로 거친다. 2단계는 ABE 발효와 고형성분 분리를 수행하는 공정으로 구성되고 3단계는 생성된 Acetone, butanol, ethanol 등 용매의 분리공정으로 구성된다.

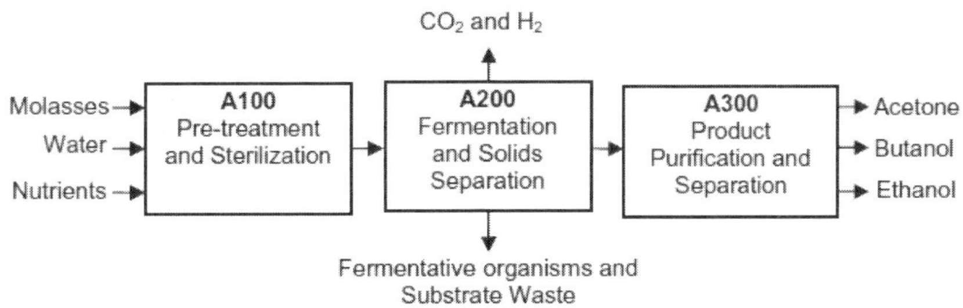

그림 3-29. Butanol production process flow

출처 : A.B. van der Merwe et al. / Fuel, 105 451-458(2013)

부탄올 발효 후에 분리는 부탄올의 상업적 생산을 위해 해결해야 할 하나의 과제이다. 생산된 부탄올의 농도가 낮아서 분리 및 농축에 많은 에너지가 소비되며 비용이 높을 것으로 예상된다. 그림 3-30은 butanol 생산시스템의 한 예로 fed-batch 발효와 gas-stripping을 이용한 분리를 겸한 공정, 2-ethyl-1-hexanol을 이용한 용매추출(liquid-liquid extraction) 공정, steam-stripping 증류공정으로 이루어진 부탄올 생산 시스템이다. Fed-batch 방식의 발효와 gas-stripping을 겸한 반응기는 단위 부피당 생산성이 단순 회분식(batch) 반응기 보다 높은 공정으로 알려져 있다. Liquid-liquid extraction 방식은 비교적 에너지가 적게 소요되는 분리공정으로 다양한 물질의 분리에 활용된다. 이와 같은 시스템의 효율성은 실험실과 파일럿 규모의 시험을 통해 입증된 것으로 보고되고 있으나 일부 불확실성은 존재할 것이다.

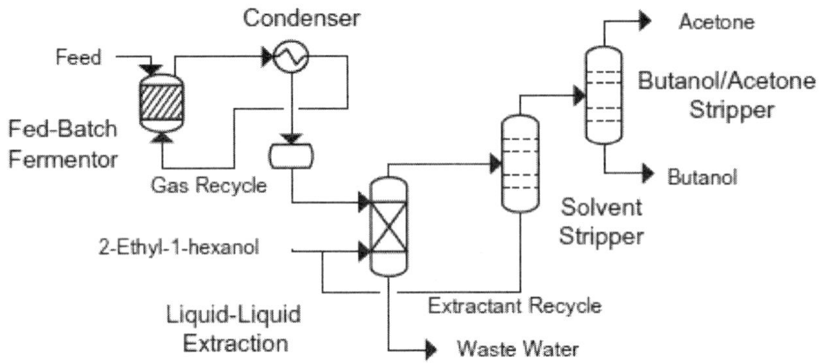

그림 3-30. Example of butanol production process

출처 : A.B. van der Merwe et al. / Fuel, 105 451-458(2013)

참고문헌

1. Gavala, H., N., Skiadas, I., V., and Ahring, B. K., "Biological hydrogen production in suspended and attached growth anaerobic reactor systems", *International J. of Hydrogen Energy*, In press(2008)

2. Mu, Y., Zheng, X., J., Yu, H., Q., and Zhu, R. F. "Biological hydrogen production by anaerobic sludge at various temperature", *International J. of Hydrogen Energy*, (2006)

3. Khanal, S. K., Chen, W. H., Li, Ling and Sung, S., "Biological hydrogen production effects of pH and intermediate product", *International J. of Hydrogen Energy,* (2004)

4. 김동건, 이윤지, 김동임, 김지성, 유명진, 박대원, 사병인 "음식물쓰레기와 폐활성슬러지를 이용한 생물학적 수소생산 및 수소생산 미생물 군집분석" 한국생물공학회지, 20(6), (2005)

5. Goldemberg, J. and Johansson, T.B., "World Energy Assessment Overview: 2004 Update", New York: United Nations Develop ment Programme(2004)

6. Goldemberg, J., "Ethanol for a sustainable energy future", *Science*, 315, 808~810(2007)

7. Lee, S. Y., Park, J. H., Jang, S. H., Nielsen, L.K., Kim, J., Jung, K. S., "Fermentative butanol production by *Clostridia*" , *Biotechnol. Bioeng.*,101 (2), 209 ~ 228(2008)

8. Service, R. F., "Cellulosic ethanol: Biofuel researchers prepare to reap a new harvest", *Science*, 315, 1488~1491(2007)

9. Himmel, M. E., Ding,S-Y., Johnson, D.K., Adney, W. S., Nimlos, M. R., John W. Brady, J.W., Foust, T. D., "Biomass recalcitrance: Engineering plants and enzymes for biofuels production", *Science,* 315, 804~807(2007)

10. Wyman, C.E., "What is (and is not) vital to advancing cellu losic ethanol", *Trends in Biotechnol*, 25(4). 153~157(2007)

11. Chung, C-H., "Cellulosic ethanol production", *Korean J. Biote chnol. Bioeng*., 23(1), 1~7(2008)

12. 한효정, 리홍신, 김성준 "음식물 쓰레기 동시당화 발표에 의한 에탄올 생산", 한국생물공학회지, 21(6), 474~478(2006)

13. 문희천, 김구환, 이진경, 김동기, 박익범, 허종원 "음식물쓰레기의 효소 당화 및 *Saccharomyces cerevisiae* KCTC7 을 이용한 에탄올 발효", 경기도보건환경연구원보, 105~114 (2006)

14. Yamashita, Y., Kurosumi, A., Sasaki, C., and Nakamura, Y.," Ethanol production from paper sludge by immobilized *Zymomonas mobilis", Biochem. Eng. J.,* 42,314~319, (2008)

15. Marques, S., Alves, L., Roseiro, J.C., and Gírio, F.M., "Conversion of recycled paper sludge to ethanol by SHF and SSF using *Pichia stipitis*", *BiomassBioenergy*, 32, 400~406(2008)

16. Tang, Y.Q., Koike, Y., Liu, K., An, M.-Z., Morimura, S., Wu, X.-L., and Kida, K., "Ethanol production from kitchen waste using the flocculating yeast *Saccharomyces cerevisiae* strain KF-7", *Biomass Bioenergy*, 32, 1037~1045 (2008)

17. Oleskowicz-Popiel, P., Lisiecki, P., Holm-Nielsen, J. B., Thomsen, A. B., and Thomsen, M. H., "Ethanol production from maize silage as lignocellulosic biomass in anaerobically digested and wet-oxidized manure", *Bioresour. Technol.* 99, 5327~5334(2008)

18. Hahn-Hägerdal, B., M. Galbe, M.F. Gorwa-Grauslund, Lide´n G., and G. Zacchi "Bio-ethanol – the fuel of tomorrow from the residues of today", *Trends. Biotechnol.*, 24(12), 549~556(2006)

19. Sun Y and Cheng J. "Hydrolysis of lignocellulosic material for ethanol production: a review", *Bioresour. Technol.* 83, 1~11 (2002)

20. Champagne, P., "Feasibility of producing bio-ethanol from waste residues: A Canadian perspective Feasibility of producing bio-ethanol from waste residues in Canada", *Resour, Conserv. Recycling* 50, 211~230(2007)

21. Millet M.A., Baker A.J., and Scatter L.D., "Physical and chemical pretreatment for enhancing cellulose saccharification", *Biotechnol. Bioeng. Symp.*, 6, 125~153 (1976)

22. Shafizadeh F, and Bradbury A.G.W., "Thermal degradation of cellulose in air and nitrogen at low temperatures", *J Appl. Poly Sci*; 23, 1431~1442(1979)

23. Fan L.T., Gharpuray, M.M., and Lee, Y.H., *Cellulose hydrolysis biotechnology monographs*. Berlin: Springer; 57(1987)

24. McMillan J.D., "Pretreatment of lignocellulosic biomass". In: Himmel, M.E., Baker, J.O.,Overend, R.P., Eds. *Conversion of hemicellulose hydrolyza testo ethanol*.Washington,DC:American ChemicalSocietySymposium;292~324(1994)

25. Holtzapple, M.T., Humphrey, A.E., and Taylor, J.D., "Energy requirement for the size reduction of poplar and aspen wood", *Biotechnol. Bioeng*., 33, 207~210(1989)

26. Nakamura, Y., and Sawada, T., "Ethanol production from artificial domestic household waste solubilized by steam explo sion", *Biotechnol. Bioprocess. Eng*., 8, 205~209 (2003)

27. Mes-Hartree, M, Dale, B.E., and Craig, W.K., "Comparison of steam and ammonia pretreatment for enzymatic hydrolysis of cellulose," *Appl. Microbiol. Biotechnol*. 29, 462~468(1988)

28. Holtzapple, M.T., Lundeen, J.E., and Sturgis, R., "Pretreatment of lignocellulosic municipal solid waste by ammonia fiber explosion (AFEX)", *Appl. Biochem. Biotechnol*., 34/35, 5~21 (1992)

29. Reshamwala, S., Shawky B.T., and Dale, B.E., "Ethanol product on from enzymatic hydrolysis of AFEX-treated coastal Bermuda grass and switchgras", *Appl, Biochem, Biotechnol*, 51/52, 43~55(1995)

30. Tengerdy, R.P., and Nagy, J.G., "Increasing the feed value of forestry waste by ammonia freeze explosion treatment", *Biol. Wastes* 25,149~153(1988)

31. Dale, B.E., Henk, L.L., and Shiang, M., "Fermentation of lignoc ellulosic materials treated by ammonia freeze-explosion", *Dev. Ind. Microbiol*. 26, 223~233 (1984)

32. Dale, B.E., and Moreira, M.J., "A freeze-explosion technique for increasing cellulose hydrolysis", *Biotechnol. Bioeng. Symp.*,12, 31~43(1982)

33. Ben-Ghedalia, D., and Miron, J., "The effect of combined chemi cal and enzyme treatment on the saccharification and in vitro digestion rate of wheat straw", *Biotechnol. Bioeng*. 23, 823~831(1981)

34. Neely, W.C., "Factors affecting the pretreatment of biomass with gaseous ozone", *Biotechnol. Bioeng.* 20,59~65(1984)

35. Ben-Ghedalia, and D., Shefet, G., "Chemical treatments for incre asing the digestibility of cotton straw", *J. Agric. Sci*. 100, 393~400(1983)

36. Vidal, P.F., and Molinier, J., "Ozonolysis of lignin-improvement of in vitro digestibility of popular sawdust", *Biomass* 16, 1~17 (1988)

37. Sivers, M.V., and Zacchi, G., "A techno-economical comparison of three processes for the production of ethanol from pine", *Bioresour. Technol.* 51, 43~52(1995)

38. Esteghlalian, A., Hashimoto, A.G., Fenske, J.J., and Penner, M.H., "Modeling and optimization of the dilute sulfuric acid pretreatment of corn stover, poplar and switchgrass", *Bioresour. Technol.* 59(2/3), 129~136(1997)

39. Lloyed, T.A., and Wyman, C.E., "Combined sugar yields for dilute sulfuric acid pretreatment of corn stover followed by enzymatic hydrolysis of the remaining solids", *Bioresour. Technol.* 96,1967~1977(2005)

40. Hinman, N.D., Schell, D.J., Riley, C.J., Bergeron ,P.W., and Walter. P.J., "Preliminary estimation of the cost of ethanol production for SSF technology", *Appl. Biochem. Biotechnol* .34/35, 639~649(1992)

41. Hsu, T.A., "Pretreatment of biomass", In: Wyman, C.E., Ed. *Handbook on bioethanol production and utilization.* Applied Energy Technology Series. Washington, DC:Taylor&Francis;(1996)

42. Wyman, C.E., Dale, B.E., Elander, R.T., Holtzapple, M., Ladi sch, M.R., and Lee, Y.Y., "Coordinated development of leading biomass pretreatment technologies", *Bioresour. Technol.* 96, 1959 ~1966(2005)

43. Schurz, J., and Ghose, T.K., Eds. *Bioconversion of cellulosic substances into energy* chemical sand microbial protein symposium proceedings ;p.37(1978)

44. Hatakka, A.I. and Uusi-Rauva, A.K., "Degradation of ^{14}C-labelled poplar wood lignin by selected white-rotfungi", *Eur. J. Appl. Microbiol. Biotechnol.* 17, 235~242(1983)

45. Boominathan, K, and Reddy, C.A., "cAMP-mediated differential regulation of lignin peroxidase and manganesed ependent peroxidase production in the white-rot basidiomycete *Phanerochaete chrysosporium*", *Proc. Natl. Acad. Sci.* USA 89 (12), 5586~5590(1992)

46. Blanchette, R.A., "Delignification by wood-decay fungi", *Annu. Rev. Phytopathol.*, 29,381~398(1991)

47. Heitz M, Capek-Menard E, Korberle PG, Gange J, Chornet E, and Overend RP. "Fractionation of *Populus tremuloides* at the pilot plant scale: optimization of steam pretreatment conditions using the STAKE II technology", *Bioresour. Technol.,* 25,23~32(1991)

48. Gollapalli, L.E., Dale B. E., and Rivers, D. M., "Predicting digestibility of ammonia fiber explosion (AFEX)-treated rice straw",*A ppl. Biochem. Biotechnol.*, 98-100, 23~35(2002)

49. E.,Z.,and, K., "Chemical pretreatments of corn stover for enhancing enzymatic digestibility", *Appl. Biochem. Biotechnol.*, 98-100, 73~87(2002)

50. Van Walsum, G. P., Allen, S. G., Spencer, M. J., Laser, M. S., Antal M. J., and Lynd, L. R., "Conversion of lignocellulosics pretreated with liquid hot water to ethanol", *Appl. Biochem. Biotechnol.*, 57-58, 157~170 (1996)

51. Wood, T.M., and Saddler, J.N., "Increasing the availability of cellulose in biomass material", *Meth. Enzymol.*, 160,3~11(1988).

52. Coughlan, M.P., Ljungdahl, L.G., "Comparative biochemistry of fungal and bacterial cellulolytic enzyme system", In: Aubert JP, Beguin P, Millet J, Eds. *Biochemistry and genetics of cellulose degradation*. London: Academic Press; 11~30(1988)

53. Duff, S.J.B., and Murray, W.D., "Bioconversion of forest products industry waste cellulosics to fuel ethanol: a review", *Bioresour. Technol.,* 55,1~33(1996)

54. Ramos, J.P., Breuil, C., and Saddler, J.N., "The use of enzyme recycling and the influence of sugar accumulation on cellulose hydrolysis by *Trichoderma* cellulases", *Enzyme. Microb. Technol.* 15, 19~25(1993)

55. Saxena, A., Garg, S.K., and Verma, J., "Simultaneous saccharification and fermentation of waste newspaper to ethanol", *Bioresour. Technol.* 39, 13~15(1992)

56. Zheng YZ, Lin HM, and Tsao GT. "Pretreatment for cellulose hydrolysis by carbon dioxide explosion", *Biotechnol. Prog.,* 14, 890~896(1998)

57. Larsson, S. Quintana-Sáinz, A., Reimann, A., Nilvebrant N.-O., and Jönsson. L.J., "Influence of lignocellulose-derived aromatic compounds on oxygen-limited growth and ethanolic fermentation by *Saccharomyces cerevisiae*", *Appl. Biochem. Biotechnol*. 84-86, 617~632(2000)

58. Ballesteros, I., Ballesteros, M., Cabanas, A., Carrasco, J., Martin, C., and Negro, M.J., "Selection of thermotolerant yeasts for simultaneous saccharification and fermentation (SSF) of cellulose to ethanol", *Appl. Biochem. Biotechnol.,* 28/29, 307~315(1991)

59. Hacking, A.J., Taylor, I.W.F., and Hanas, C.M., "Selection of ye ast able to produce ethanol from glucose at 40℃", *Appl. Micro biol. Biotechnol*. 19, 361~363 (1984)

60. Dien, B.S., M.A. Cotta and T.W. Jeffries "Bacteria engineered for fuel ethanol production: current status", *Appl. Microbiol. Bio technol*. 63, 258~266(2003)

61. Jeffries, T.W. "Engineering yeasts for xylose metabolism", *Curr. Opin. Biotechnol*. 17, 1~7(2006)

62. 김남천 및 장병만. "삼중염을 이용한 음식물쓰레기 퇴비의 염분(NaCl) 분해 방법", 유기물자원화학회, 12(3), 86~94 (2004)

63. Mahmoud, K. T., Tarek, M. E-N., and Osama, H. S., "Ethanol from lactose in salted cheese whey by recombinant *Sacchar omyces cerevisiae*", *ZLebensm Unters ForschA*., 208, 60~64 (1999)

64. Trainotti, N., and Stambuk, B. U., "NaCl stress inhibits maltose fermentation by *Saccharomyces cerevisiae*", *Biotechnol .Lett.*, 23,1703~1704(2001)

65. Hollatz, C., and Stambuk, B. U. "Regulation of *Saccharomyces cerevisiae* maltose fermentation by cold temperature and CSF1", *Brazil. J .Microbiol.,* 34(1), 99~101(2003)

66. Zhang, M., Eddy, C., Daenda, K., Finkelstein, M., and Picatag gio, S.K., "Metabolic engineering of a pentose pathway in ethanologenic *Zymomonas moblis*", *Science*, 267, 240~243(1995)

67. Bolen, P.L., Bietz, J.A., and Detroy, R.W., "Aldose reductase in the yeast *Pachysolen tannophilus*: purification, characterization, and N-terminal sequence", *Biotechnol. Bioeng. Symp.* 15, 129~148(1985)

68. Ho, N.W.Y., Lin, F.P., Huang, S., Andrews, P.C., and Tsao, G.T., "Purification, characterization and N-terminal sequence of xylose reductase from *Candida shehatae*", *Enzyme. Microbiol. Technol.,* 12,33~39(1990)

69. Verduyn, C., Jzn, J.F., Van Dijken, J.P., and Scheffers, W.A., "Multiple forms of xylose reductase in *Pachysolen tannophilus* CBS 4044", *FEMS Microbiol. Lett.* 30, 313~317(1985a)

70. Verduyn, C., Van Kleef, R., Frank, J.J., Schreuder, H., Van Dijken, J.P., and Scheffers, W.A., "Properties of the NAD(P)Hdependent xylose reductase from the xylose-fermenting yeast *Pichia stipitis", Biochem. J.*, 226, 669~677(1985b)

71. Henderson, B., Champagne, P., and Tudoret, M.J., "Chemical separation of cellulose from lignin in sugarcane bagasse". In: *Eighth Specialty Conf. :Environment & Sustainable Engineering & 31st Annual CSCE Congress Proc.*;p.ENK-283(2003)

72. Levy, T., Champagne, P., Tudoret, M.J., and Dinel, H., "Bio-chemical integrated recycling of hog manure", In: *Eighth Spec. Conf. :Environment & Sustainable Engineering & 31st Annual CSCE Congress Proc.*; p.284 (2003a)

73. Dürre, P., "Biobutanol: an attractive biofuel", *Biotechnol. J.*, 2, 1525~1534(2007)

74. Schwarz, W. H. and Gapes, J. R., "Butanol—rediscovering a renewable fuel", *Bio World Europe 01-2006*, 16~19(2006)

75. Antoni, D., Zverlov, V. V., and Schwarz, W. H., "Biofuels from microbes", *Appl. Microbiol. Biotechnol.*, 77, 23~35(2007)

76. http://www.dupon.com/biofuels

77. Dürre, P., "Fermentative butanol production: bulk chemical and biofuel", *Ann. N.Y. Acad. Sci.*, 1125, 353~362(2008)

78. Kosaka, T., Nakayama, S., Nakaya, K., Yoshino, S., and Furukawa, K., "Characterization of the sol operon in butanol-hyperproducing *Clostridium saccharoper butylacetonicum*strain N1- 4 and its degeneration mechanism", *Biosci. Biotechnol. Biochem.*, 71, 58~68(2007)

79. Gapes, J. R., "The economics of acetone-butanol fermentation: theoretical and market considerations", *J. Mol. Microbiol. Biotechnol.,* 2, 27~32(2000)

80. Ezeji, T. C., Qureshi, N., Karcher, P., and Blaschek, H. P., "Butanol production from corn", In *Alcoholic Fuels: Fuels for Today and Tomorrow*, Minteer, S. D. Ed. ,NewYork, NY: Taylor&Francis, 99~122(2006)

81. Ezeji, T. C., Qureshi, N., and Blaschek, H. P., "Industrially relevant fermentations", In *Handbook on Clostridia*. DurreP.Ed. ,Boca Raton, Florida: CRC Press, Taylor&Francis Group; 797~812(2005)

82. Lise Appels, Joost Lauwers, Jan Degreve, Lieve Helsen, Bart Lievens, Kris Willems, Jan Van Impe, Raf Dewil, "Anaerobic digestion in global bio-energy production: Potential and research challenges", *Renewable and Sustainable Energy Reviews,* 15, 4295-4301(2011)

83. 김경연, "바이오연료, 상업화 급물살", LG주간경제, 877호(2006)

84. Manuela Stoeberla,ba*, Ralf Werkmeistera,b, Martin Faulstichb, Winfried Russa, "Biobutanol from food wastes -fermentative production, use as biofuel an the influence on the emissions", *Procedia Food Science*, 1,1867-1874(2011)

85. Shun-ichi Baba, Yukihiro Tashiro, Hideaki Shinto, Kenji Sonomoto, "Development of high-speed and highly efficient butanol production systems from butyric acid with high density

of living cells of Clostridium saccharoperbutylacetonicum", *Journal of Biotechnology* 157, 605-612(2012)

86. Clare M.Cooksley, YingZhang, Hengzheng Wang, Stephanie Redl, Klaus Winzer nn, Nigel P. Minton, "Targeted mutagen esisofthe Clostridiumacetobutylicum acetone-butanol-ethanol ferme ntation pathway", *Metabolic Engineering,* 14, 630-641(2012)

87. Lee, S.M. Cho, M.O. Park, C.H. Chung, Y.C. Kim, J.H. Sang, B.I. Energy & Fuels, 22, 3459-3464(2008)

88. A.B. van der Merwe, H. Cheng, J.F. Gorgens, J.H. Knoetze, "Comparison of energy efficiency and economics of process designs for biobutanol production from sugarcane molasses", *Fuel*, 105, 451-458(2013)

Chapter 4

바이오매스의 화학적 전환

1. 미세조류 이용 바이오디젤

가. 개요

미세조류는 비교적 성장속도가 빠른 미생물로서 광합성반응을 통해 증식하기 때문에 이산화탄소를 고정화하는 능력을 가지고 있으며 바이오디젤의 원료가 되는 물질인 오일을 생산한다. 미세조류의 배양은 곡식 경작이 어려운 지역에서도 가능하며 광합성 효율이 높아서 단위 면적당 생산성이 높은 장점을 가지고 있다. 표 4-1을 보면 hectare당 수확되는 바이오매스 즉 미세조류의 양이 다른 식물에 비해 많고 결과적으로 바이오디젤 생산을 위해 필요한 오일의 양도 월등히 많은 것을 알 수 있다

표 4-1. Yield of various plant oil

Crop	Oil in liter per hectare
Algae	1,000,000
Castor	1,413
Coconut	2,689
Palm	5,950
Safflower	779
Soy	446
Sunflower	952

출처 : A. Demirbas et al. / Energy Conversion and Management, 52, 163-170(2011)

미세조류의 화학적 구성을 보면 단백질, 탄수화물, 지질, 핵산 등으로 이루어져 있다. 이중에서 바이오디젤의 원료가 되는 성분은 지질이다. 표 4-2를 보면 미세조류의 종류에 따라 오일 함량이 다른 것을 알 수 있다. 세포내 오일 양을 보면 건조무게 기준으로 많게는 75%에 달하는 균주가 있다. *Botryococcus braunii, Nannochloropsis sp., Neochloris oleoabundans* 등이 세포내에 오일을 많이 축적하는 것을 알 수 있다.

표 4-2. Chemical composition of algae on a dry matter basis

Microalgae	Oil content(wt% of dry basis)
Botryococcus braunii	28-75
Chlorella sp.	28-32
Crypthecodinium cohnii	20
Cylindrotheca sp.	16-37
Dunaliella primolecta	23
Isochrysis sp.	25-33
Monacanthus salina	>20
Nannochloris sp.	20-35
Nannochloropsis sp.	31-68
Neochloris oleoabundans	35-54
Nitzschia sp.	45-47
Phaeodactylum tricornutum	20-30
Schizochytrium sp.	50-77
Tetraselmis suecica	15-23

출처 : A. Demirbas et al. / Energy Conversion and Management, 52, 163-170(2011)

미세조류의 가지고 있는 오일 중에서 지방산의 함량이 바이오디젤을 생산하였을 때 연료특성을 결정하기도 한다. 지방산은 포화지방산과 불포화 지방산으로 나눌 수 있는데 동물에서 얻어지는 것은 주로 포화 지방산이고 식물에서 얻어지는 것은 불포화 지방산이다. 조류에서 얻을 수 있는 지방산의 특성을 보면 표 4-3과 같다. *Chlorella protothecoides*의 경우 포화지방산이 10%이고 이중 결합이 하나 있는 불포화 지방산이 24%, 이중결합이 하나 이상 가지고 있는 불포화 지방산이 63%에 달하는 것을 알 수 있다. *Cladophora fracta*도 다양한 분포를 가지고 있으며 불포화 지방산 전체의 양은 유사한 것을 알 수 있다. 불포화 지방산은 어는점이 낮아서 불포화 정도가 높은 지방산으로 생산한 바이오디젤 낮은 온도에서도 사용할 수 있는 장점을 가지게 된다. 따라서 조류에서 추출한 오일은 바이오디젤 생산을 위한 좋은 원료가 된다.

표 4-3. Fatty acid compositions of algal oils on a dry matter basis (wt%).

Fatty acid in oils	*Cladophora fracta*	*Chlorella protothecoides*
Saturates	12.5±0.7	10.8±0.6
Monounsaturates	33.7±1.6	24.1±1.2
Polyunsaturates	50.9±1.9	62.8±2.5
Free	3.6±0.3	2.6±0.2

출처 : A. Demirbas et al. / Energy Conversion and Management, 52, 163-170(2011)

미세조류의 오일을 이용하여 바이오디젤을 생산에 있어서 장점은 증식 속도가 빠르고 경작지에 관계없이 배양이 가능하고 단위 면적 당 생산성이 가장 높고 균주에 따라 매일 수확이 가능하다. 미세조류의 오일을 가지고 생산한 바이오디젤은 황성분이 없고 독성을 띠지 않아 취급이 용이한 장점들이 있다.

나. 미세조류의 종류

미세조류의 지질과 지방산 함량은 배양 조건에 따라 달라 질 수 있다. 예를 들면 질소원의 결핍조건 하에서 배양하면 지질의 함량이 증가한다. 그러면 바이오디젤 생산을 위한 최적의 미세조류는 무엇인가. 가장 많이 이용하는 균주인 *Scenedesmus dimorphus*는 단세포 미생물로서

Chlorophyceae (green algae)에 속한다. *Dunaliella tertiolecta*는 증식 속도가 빠르고 유기물 기준으로 37%까지 오일을 생산할 수 있는 균주이다. 표 4-4를 보면 미세조류의 종류에 따른 오일 함량을 나타내고 있다. 미세조류 건조무게당 얻어지는 오일의 양을 비교해 보면 *Botryococcus brauniiv, Chlorella protothecoides, Nannochloris Nannochloropsis* 등의 균주들이 세포내에 오일함량이 높은 것을 알 수 있다.

표 4-4. Oil content in selected microalgae species

Species	Oil content(%dw)
Ankistrodesmus TR-87	28-40
Botryococcus braunii	2975
Chlorella sp.	29
Chlorella protothecoides (autotrophic/heterotrophic)	15-55
Cyclotella DI-35	40
Dunaliella tertiolecta	36-42
Hantzschia DI-160	66
Isochrysis sp.	7-33
Nannochloris	31(6-63)
Nannochloropsis	46(31-68)
Nitzschia TR-114	28-50
Phaeodactylum tricornutum	31
Scenedesmus TR-84	45
Stichococcus	33(9-59)
Tetraselmis suecica	15-32
Thalassiosira pseudonana	(21-31)

출처 : A. Demirbas et al. / Energy Conversion and Management, 52, 163-170(2011)

다. 조류 배양

바이오디젤 생산을 위해서 미세조류의 대량 배양이 중요하다. 대량 배양을 위해서는 태양광과 이산화탄소를 이용하는 photoautotrophic 배양과 유기물을 탄소원으로 이용하는 heterotrophic 배양방법으로 나눌 수 있다. Photoautotrophic 배양은 폐쇄형과 개방형으로 다시 나눌 수 있다. 폐쇄형 광반응기로 다양한 형태가 제시되고 있으나 가장 많이 이용되고 있는 형태는 관형 반응기이다. 그림 4-1은 관형반응기의 예를 보여주고 있는데 태양광을 최대로 얻도록 설계되어진다.

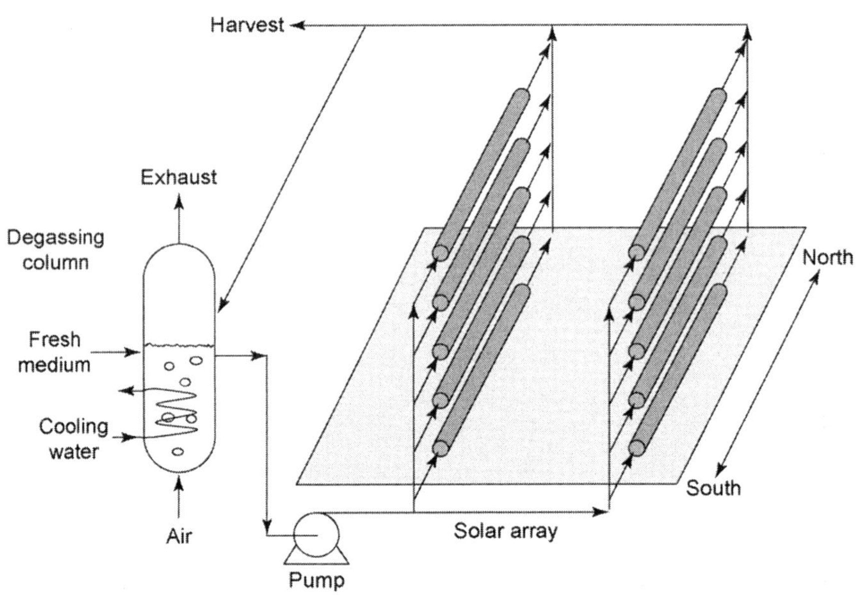

그림 4-1. Tubular photobioreactor의 예

출처 : Yusuf Chisti et al. / Trends in Biotechnology, 26, 126-131(2008)

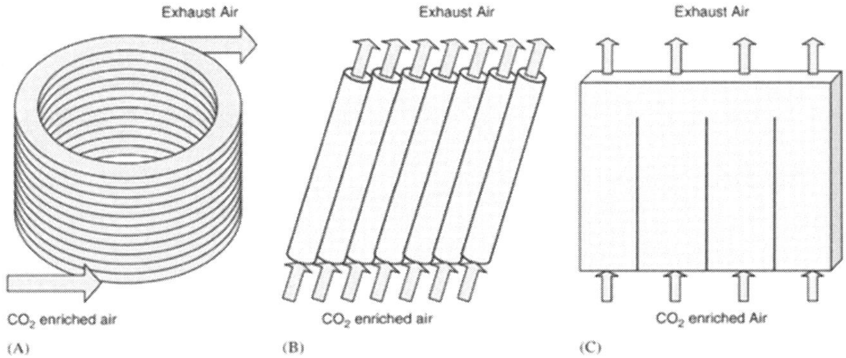

그림 4-2. 미세조류 배양을 위한 광반응기

출처 : Raul Munoz et al. / water research, 40, 2799-2815(2006)

그림 4-3. 개방형 미세조류 배양

폐쇄형관형반응기는 단위 부피당 표면적이 넓어서 고농도의 미생물을 배양이 가능하고 개방형에 비해 수분증발에 의한 손실을 줄일 수 있으며 장기간 미생물 배양이 가능하다. 그러나 scale-up에 어려움이 예상되며 미생물 배양에 필요한 온도 조절이 용이하지 않다. 또한 미생물 배양에 따라 반응기 벽에 필름형성으로 주기적인 세척이 필요하다.

개방형 광반응기는 pond 형태로서, 온도와 습도 변화에 영향을 받게 되며 개방형이어서 단일 미생물의 배양이 어렵고 태양광을 효율적으로 공급하기 어렵다. 그러나 반응기 형태가 간단하여 scale-up이 비교적 용이하며 비경작지에 적용할 수 있어서 경제적이다.

Heterotrophic 배양방법은 미세조류를 태양광을 사용하지 않고 glucose와 같은 유기물을 탄소원으로 배양하는 방법이다. 주로 폐수에 있는 유기물질을 탄소원으로 사용하여 폐수처리와 함께 미세조류를 배양하는 방법이다. 예를 들어 *Auxenochlorella protothecoides*는 빛이 있는 환경하에서는 photoautotrophic 모드로 배양되고, 유기물질과 이산화탄소 존재하에서 heterotrophic 모드로 배양될 수 있다. 이와 같이 두 가지 조건에서의 미생물 배양을 mixotrophic 배양이라고 하는데 특히 바이오디젤을 생산하기 위한 고농도 바이오매스 확보를 위해 이용되고 있다.

라. 미세조류 오일의 바이오디젤 전환

미세조류의 오일은 에스테르교환반응(Transesterification)을 통해 바이오디젤로 전환된다. 에스테르교환반응은 미세조류에서 된

triglyceride를 FAME(fatty acid methyl ester)으로 전환시키는 반응으로 아래와 같이 이루어진다. 이 반응에서 methanol은 과다하게 사용되어 반응이 오른쪽으로 진행되도록 유도하며 남은 것은 회수되어 재사용할 수 있다.

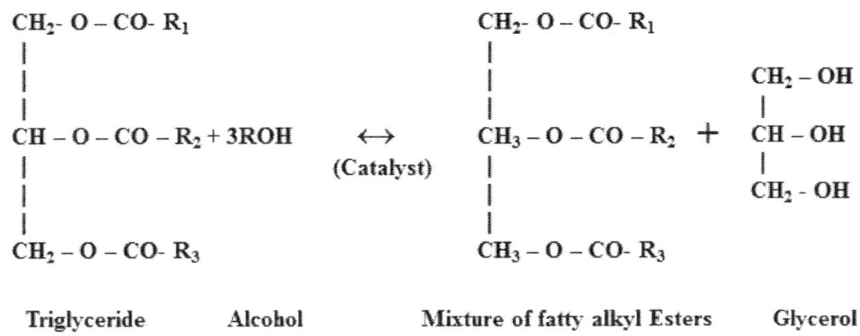

에스테르교환반응은 균일촉매(homogeneous catalyst)인 알칼리 또는 산촉매(sodium hydroxide, potassium hydroxide, sulfuric acid, hydrochloric acid)를 이용하거나 효소, alkaline earth metal compounds, titanium silicates, anion exchange resins 등 불균일 촉매(heterogeneous catalyst)를 사용하기도 한다. Triglyceride과 알코올의 반응은 단계적으로 일어나며 diglyceride를 거쳐 monoglyceride와 glycerol이 생성된다. 알칼리 촉매를 사용하는 반응은 산촉매에 비해 약 4,000배 빠르며 오일무게의 약 1%에 해당하는 알칼리를 사용한다. Sodium methoxide를 사용하기도 하며 높은 효율을 보여주고 있다. 알칼리 촉매반응의 경우 1기압 60℃ 반응조건에서 90분정도의 반응시간이 소요된다. Methanol 이외의 다른 알코올을 사용할 수 있으나 경제적이지 못하다. 비누화 반응(saponification)을 통한 수율감소를 방지하기

위하여 FFA(free fatty acid)의 함량을 최소화하여야 한다. 따라서 FFA 함량이 3% 미만인 원료를 사용하기 위한 전처리가 필요하며 전체 비용 중에 60∼80%를 차지하게 된다.

산촉매를 사용하는 경우 H_2SO_4, HCl, H_3PO_4 등이 촉매로 사용되며 수분이나 FFA 존재에 덜 민감하다. 그러나 반응 온도가 높고 반응시간이 길게 소요되며 비교적 반응 수율이 낮아서 산촉매는 이용되지 않고 있다. 반응온도를 낮추기 위하여 heteropolyacids (HPA)을 사용하는 등 대체 촉매에 대한 연구가 활발히 진행되고 있다.

촉매를 이용한 에스테르교환반응 과정에서 부산물로 생성된 glycerol를 분리하기 위해 decantation, sedimentation, filtration, centrifugation 등이 사용될 수 있다. glycerol이 분리된 후에는 잔존하는 알코올을 분리하기 위해 distillation, flash evaporation 등을 적용한다.

이와 같이 촉매를 사용하는 방법은 전환율은 높지만 반응온도가 높고 압력을 가하는 등 에너지 소비가 높은 단점을 가지고 있다. 이러한 단점을 보완하기 위하여 lipase와 같은 효소를 이용하기도 한다. 효소를 이용한 에스테르교환반응 에너지 소비를 줄일 수 있고 반응과정의 환경친화성을 높일 수 있지만 아직 상용화된 규모에서 사용된 예가 없다. 에스테르교환반응에서 효소를 이용하기 위해서는 용매에 대한 내성이 있는 효소 또는 효소의 활성을 유지할 수 있는 용매의 개발이 필요하다. 최근 연구에 의하면 효소의 활성에 영향을 주지않는 용매를 포함한 co-solvent가 이용되고 있다. Co-solvent를 이용한 효소반응은, 과량의 methanol과 부산물인 glycerol의 효소에 대한 영향을 줄일 수 있다. 또한 반응 효율이 높고 효소의 활성을 유지할 수 있어서 재생이 필요 없다.

이와 같이 다양한 촉매를 이용한 에스테르교환반응을 거쳐 생산된 바이오디젤의 에너지밀도는 석유에서 생산된 디젤의 에너지밀도(42.7 MJ/kg)와 유사하며 원료인 바이오매스에 따라 달라질 수 있다. 열매유(rapeseed, soybean)에서 생산된 바이오디젤은 39.5 MJ/kg, 미세조류에서 생산된 바이오디젤의 에너지 밀도는 41 MJ/kg 이다.

마. 바이오디젤 생산 시스템

미세조류로부터 바이오디젤을 생산하기 위한 시스템의 개념도가 그림 4-4에 나타나 있다. 전체 시스템은 미세조류 배양공정, 바이오매스회수공정, 오일추출공정, 바이오디젤 전환공정으로 구성되어 있으며 오일추출과정에서 발생되는 폐기물은 사료로 활용하거나, 혐기성 소화를 거쳐 얻은 메탄은 전기를 생산하는데 사용되며, 이때 발생되는 이산화탄소는 다시 미세조류 배양에 사용된다.

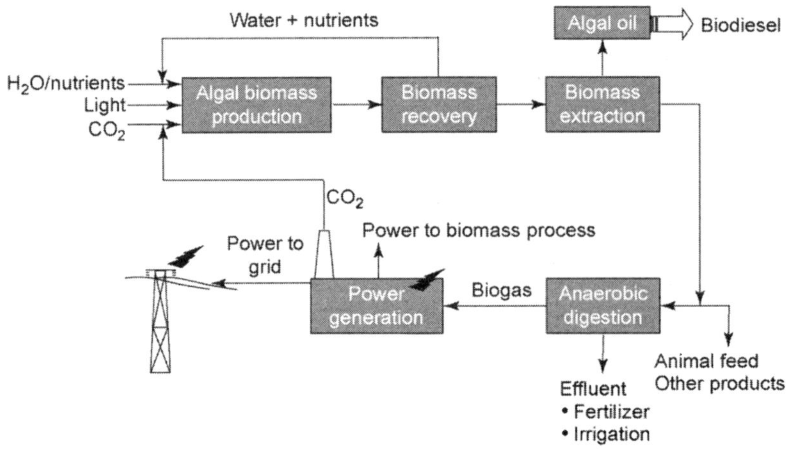

그림 4-4. Conceptual process for biodiesel production from microalage

출처 : Yusuf Chisti et al. / Trends in Biotechnology, 26, 126-131(2008)

미세조류 100 ton을 배양하기 위해서는 대략 183 ton의 이산화탄소가 필요하며 태양광과 동시에 공급된다. 미세조류가 고농도로 배양된 후 회수된 미세조류 바이오매스는 물과 섞이지 않는 용매를 이용하여 오일을 추출한다. 추출된 오일은 촉매를 이용한 에스테르 교환반응을 통해 바이오디젤이 생산된다. 오일 추출과정에서 남은 미세조류는 단백질을 많이 함유하고 있어서 동물사료로 활용가능하다. 그러나 대부분의 남은 미세조류는 혐기성소화를 거쳐 바이오가스인 메탄을 생성하게 된다. 혐기성소화 기술은 이미 상용화되어 있어서 쉽게 활용 가능하다. 바이오가스의 수율은 건조 바이오매스 당 0.15∼0.65 m^3 정도이다.

2. 식물유 이용 바이오디젤 생산

가. 식물유의 특성

식물유는 재생가능한 연료중의 하나로서 에너지밀도 측면에서 석유에서 유래한 디젤과 유사하다. 식물유를 얻을 수 있는 식물은 지구상에 대개 4,000 종이 존재한다고 한다. 그 중에서 식물유를 추출하기 위해 가장 많이 사용하는 종은 아래의 표 4-6과 같다. 이와 같은 식물종에서 얻어지는 오일은 90∼98% acylglycerol을 함유하고 있다.

표 4-6. Annual oil yield per cultivated hectare (kg/ha)

Crop		Crop		Crop	
Maize	145	Pumpkin	449	Opium	978
Lupine	195	Mustard	481	Rape	1,000
Hibiscus	230	Camelina	490	Olive	1,019
Calendula	256	Sesame	585	Ricin	1,188
Cotton	273	Safflower	655	Jojoba	1,522
Hemp	305	Rice	696	Jatropha	1,590
Soy	375	Walnut	790	Avocado	2,217
Coffee	86	Sunflower	800	Coconut	2,260
Flax	402	Cocoa	863	Palm	5,000
Hazelnut	405	Peanuts	890		

출처 : G. Santori et al. / Applied Energy 92, 109-132(2012)

식물유는 석유과 비교해서 1980년 초에 재생 가능한 대체에너지원으로 제시되었다. 석유에서 유래한 디젤을 대체하는데 있어서 식물유가 가지는 특성은 다음과 같다.

- 액상으로 취급이 용이하다
- 재생가능
- 디젤에 유사한 열용량
- 낮은 황성분
- 낮은 방향성 물질
- 높은 생분해성
- 높은 점도
- 낮은 휘발성

식물유를 디젤엔진에 직접사용하면 점도와 낮은 휘발성 때문에 완전연소가 어렵다. 식물유의 점도를 낮추기 위하여 아래와 같은 방법이 검토되고 있으나 에스테르교환반응이 가장 많이 사용되는 방법이다.

- 석유에서 얻은 디젤 이용하여 희석
- 에탄올 또는 메탄올과 같은 알코올과 혼합
- 열분해
- 촉매를 이용한 분해 (catalytic cracking)
- 에탄올 또는 메탄올과 에스테르교환반응

바이오디젤 생산에 사용되는 식물유로는 표 4-7과 같은 종류 중에서 soybean rapeseed, sunflower, palm oil 등이 가장 많이 사용되고 있으며 지방산의 분포가 서로 다르다.

표 4-7. Fatty acid composition of vegetable oil

Sample	16:0	16:1	18:0	18:1	18:2	18:3	Others
Cottonseed	28.7	0	0.9	13.0	57.4	0	0
Poppyseed	12.6	0.1	4.0	22.3	60.2	0.5	0
Rapeseed	3.5	0	0.9	64.1	22.3	8.2	0
Safflowerseed	7.3	0	1.9	13.6	77.2	0	0
Sunflowerseed	6.4	0.1	2.9	17.7	72.9	0	0
Sesameseed	13.1	0	3.9	52.8	30.2	0	0
Linseed	5.1	0.3	2.5	18.9	18.1	55.1	0
Wheat grain[a]	20.6	1.0	1.1	16.6	56.0	2.9	1.8
Palm	42.6	0.3	4.4	40.5	10.1	0.2	1.1
Corn marrow	11.8	0	2.0	24.8	61.3	0	0.3
Castor[b]	1.1	0	3.1	4.9	1.3	0	89.6
Tallow	23.3	0.1	19.3	42.4	2.9	0.9	2.9
Soybean	13.9	0.3	2.1	23.2	56.2	4.3	0
Bay laurel leaf[c]	25.9	0.3	3.1	10.8	11.3	17.6	31.0
Peanut kernel[d]	11.4	0	2.4	48.3	32.0	0.9	4.0
Hazelnut kernel	439	0.2	26	83.6	8.5	0.2	0
Walnut kernel	7.2	0.2	1.9	18.5	56.0	16.2	0
Almond kernel	6.5	0.5	1.4	70.7	20.0	0	0.9
Olive kernel	5.0	0.3	1.6	74.7	17.6	0	0.8
Coconut[e]	7.8	0.1	3.0	4.4	0.8	0	65.7

출처 : A. Demirbas / Progress in Energy and Combustion Science, 31, 466-487(2005)

a : Wheat grain oil contains 11.4% of 8:0 and 0.4% of 14:0 fatty acids.

b : Castor oil contains 89.6% ricinoleic acid.

c : Bay laurel oil contains 26.5% of 12:0 and 4.5% of 14:0 fatty acids.

d : Peanut kernel oil contains about 2.7% of 22:0 and 1.3% of 24:0 fatty acids.

e : Coconut oil contains about 8.9% of 8:0, 6.2% 10:0, 48.8% of 12:0 and 19.9% of 14:0 fatty acids.

나. 식물유 생산

식물유는 상용화된 규모로 생산되고 있으며 원료의 물리화학적 특성에 따라 공정이 정해진다. 식물유의 생산은 식물로부터 기름을 추출하여 순도를 높이는 공정으로 시작된다. 추출공정에서 나오는 식물유는 acylglycerol, free fatty acid, phospholipid, steroids, 물 등으로 구성된다. 기름을 추출하는 방법은 기계적인 추출과 화학적인 추출로 나눌 수 있다.

기계적인 추출방법은 대개 압력을 가하는 방법으로 식물의 특성을 유지 할 수 있는 장점이 있다. 추출하기 전에 전처리로서 분쇄가 이루어지며 압출기를 통해 추출이 이루어진다. 압력은 30∼40 bar 정도 주어지며 온도는 95℃까지 유지한다. 화학적 방법은 용매를 이용한 추출로서 세포내에 있는 오일은 추출하기 어려운 문제점이 있다. 가장 많이 사용되는 용매로는 hexane, trichloroethylene, carbon sulfide 등이다. 기계적인 방법이 더 좋은 품질의 오일을 생산할 수 있으나 수율 측면에서는 화학적 방법이 높은 편이다. 때로는 두 가지 방법을 혼합해서 사용하기도 하는데 오일 함량이 20% 이상일 경우에는 기계적인 방법을 사용하고 잔류물은 화학적 방법을 사용하기도 한다.

일반적으로 많이 사용되는 식물유 정재 공정은 그림 4-5, 6, 7과 같다. 오일 추출 후에 protein, gum, resin, aldehyde, ketone 등 불순물들이 있게 되는데 정제과정에서 제거 되어야 한다. 정제공정으로는 침전이나 필터프레스, 원심분리 등의 필터를 사용한다. 오일의 중화를 위해서 NaOH를 사용하며 60～80℃에서 10%이상 오일과 섞는다. 중화과정에서 FFA가 비누화 반응으로 침전된다.

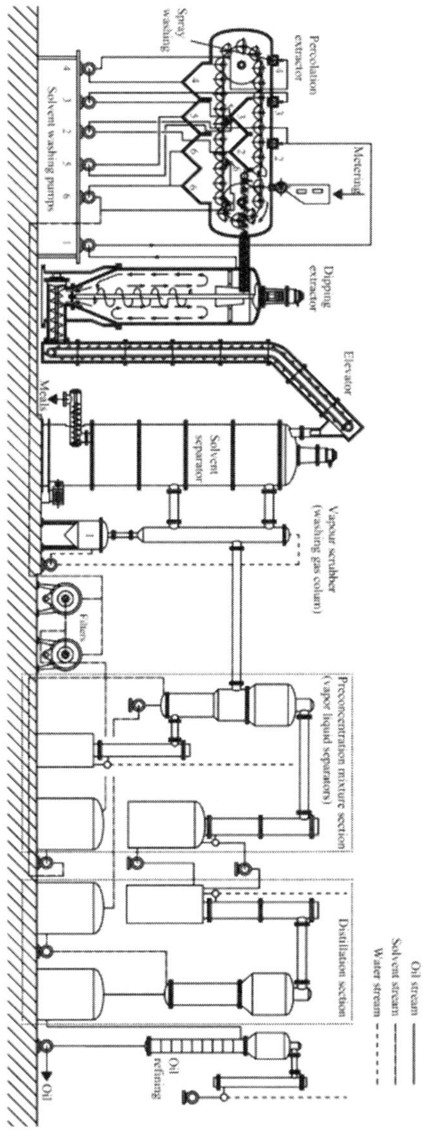

그림 4-5. Process flow diagram with solvent extraction

출처 : G. Santori et al. / Applied Energy 92, 109-132(2012)

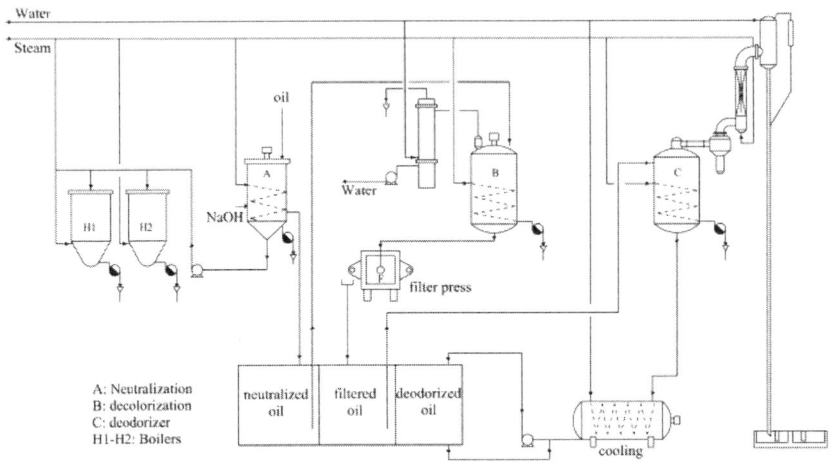

그림 4-6. Process flow diagram of conventional vegetable oil refining plant

출처 : G. Santori et al. / Applied Energy 92, 109-132(2012)

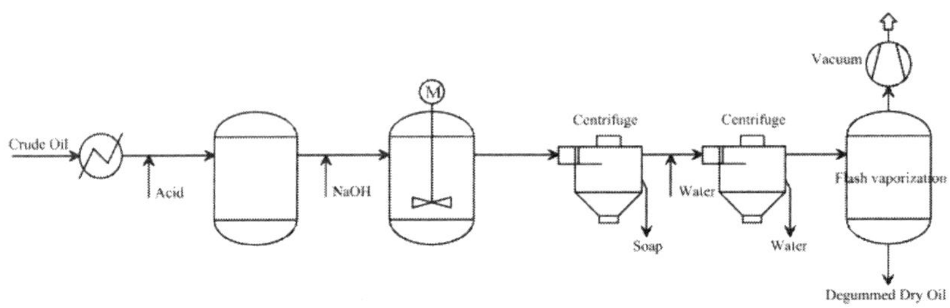

그림 4-7. Vegetable oil neutralization process for biodiesel production

출처 : G. Santori et al. / Applied Energy 92, 109-132(2012)

다. 에스테르 교환반응

설폰산, 황산 등 산을 촉매로 하는 에스테르 교환반응은 반응속도가 느리나 alkyl ester의 수율은 높다. 알코올과 식물유의 몰비가 에스테르교환반응에 미치는 영향인자들 중의 하나이다. 만약

알코올을 과다하게 사용하면 부산물인 glycerol의 회수를 어렵게 할 수 있어서 최적 몰비의 선정이 중요하다. 그림 4-8은 산촉매에 의한 에스테르화 반응의 메카니즘을 보여주고 있다. 초기 단계에서는 산의 이온화가 일어나고 다음 단계에서는 알코올과 교환반응이 일어난다. 마지막 단계에서는 수소이온을 잃어버리면서 에스테르화 된다.

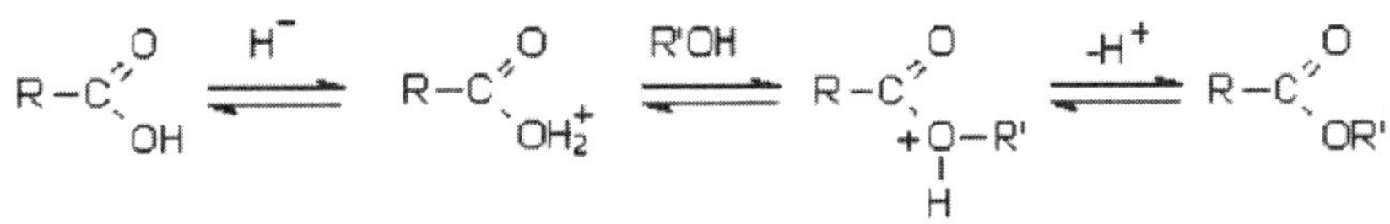

그림 4-8. Mechanism of acid catalyzed esterification of fatty acids

출처 : A. Demirbas / Progress in Energy and Combustion Science, 31, 466-487(2005)

알칼리 촉매를 이용한 반응에서는 식물유의 반응이 빠르게 진행된다. 초기단계에서는 알칼리와 알코올이 반응하여 alkoxide를 생성하며 다음단계에서 triglyceride와 친핵반응(nucleophilic)을 통해 diglyceride를 생성한다. Diglyceride와 monoglyceride는 같은 메카니즘에 의해 alkyl ester와 glycerol를 생성하게 된다. Alkaline metal alkoxide(CH_3ONa 등)는 가장 많이 쓰이는 촉매 중의 하나로서 30분 정도의 짧은 반응시간에서 98% 이상의 수율이 보고되고 있다. 그러나 알칼리 촉매 반응은 수분의 존재를 원하지 않아서 상용화를 어렵게 하고 있다.

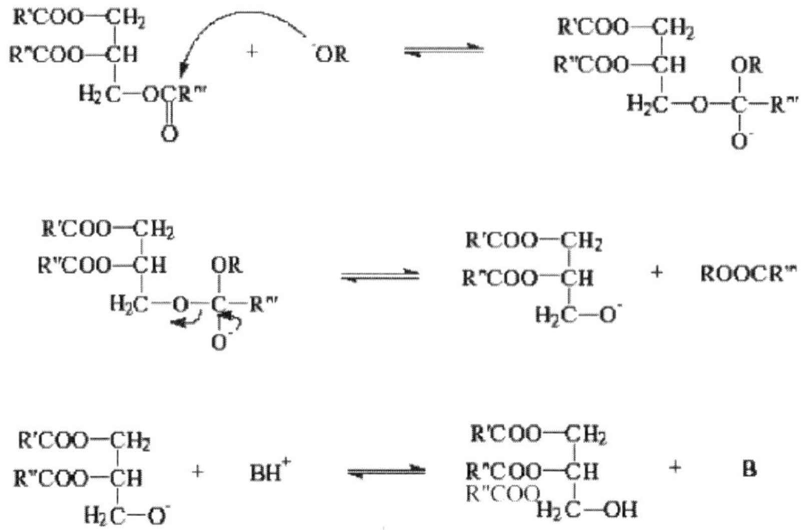

그림 4-9. Mechanism of alkali catalyzed transesterification of vegetable oils

출처 : A. Demirbas / Progress in Energy and Combustion Science, 31, 466-487(2005)

촉매를 이용하지 않는 에스테르교환반응으로 초임계 메탄올을 이용하는 방법이 있다. 이 방법은 반응이 비교적 간단하고 triglyceride의 에스테르교환반응과 메탄올의 메틸에스테르 반응이 동시에 일어나서 높은 수율을 얻을 수 있다. 이 반응에 영향을 미치는 인자들로는 반응온도, 압력, 몰비, 수분함량 등을 들 수 있다. 반응온도의 경우 초임계 이하의 알코올과는 반응속도가 느리고 온도와 압력이 증가하면 반응 속도도 증가한다고 보고되고 있다. 오일과 알코올의 몰비가 증가하면 alkyl ester 수율이 증가하게 된다. 또한 수분함량은 중요한 인자이며 그림 4-10에서와 같이 수분함량이 증가하면 반응 수율이 감소하는 것을 알 수 있으며 그림 4-11처럼, FFA는 에스테르화 반응에 나쁜 영향을 준다.

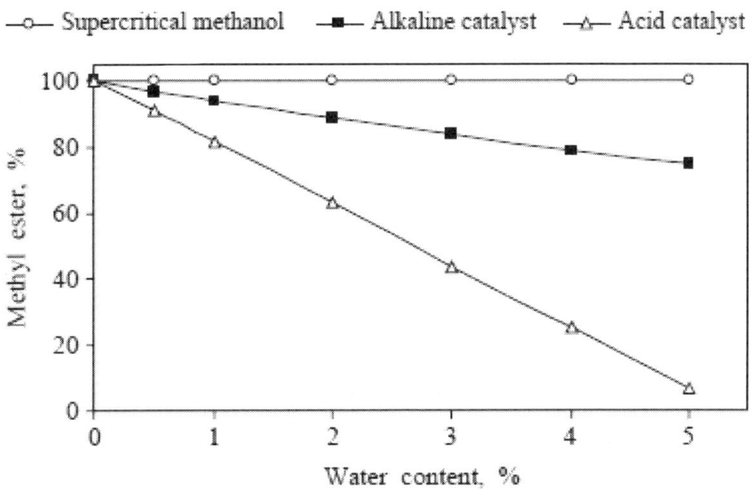

그림 4-10. Plots for yields of methyl esters as a function of water content in transesterification of triglycerides

출처 : A. Demirbas / Progress in Energy and Combustion Science, 31, 466-487(2005)

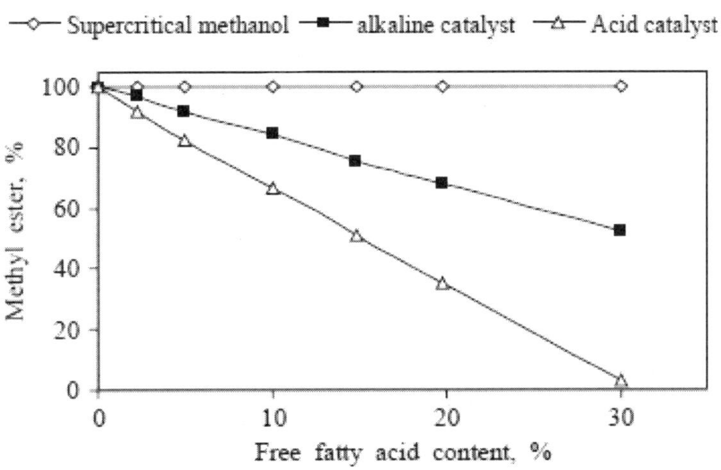

그림 4-11. Plots for yields of methyl esters as a function of free fatty acid content

출처 : A. Demirbas / Progress in Energy and Combustion Science, 31, 466-487(2005)

라. 식물유와 바이오디젤의 연료 특성

식물유를 디젤엔진에 직접사용 가능하나 디젤보다 점도가 높아서 엔진 내부의 마찰을 증가시켜 오일 흐름의 저항으로 작용하여 엔진의 보완이 필요하다. 따라서 식물유는 에스테르교환반응을 통해 methyl ester로 전환되어야 한다. 표 4-9를 보면 8가지 methyl ester의 점도, 밀도, 인화점(flash point)을 알 수 있다. 식물유의 밀도는 대개 902.6∼923.6 kg/m^3 이나(표 4-8), 식물유의 methyl esters는 860∼885 kg/m^{3}으로 에스테르교환반응으로 밀도가 상당히 낮아진 것을 알 수 있다.

표 4-8. Viscosity, density and flash point measurements of 10 vegetable oil

Oil source	Viscosity (mm^2/s(at 311K))	Density (kg/m^3)	Flash point(K)
Corn	34.9	909.5	550
Cottonseed	33.5	914.8	509
Carmbe	53.6	904.4	447
Linseed	27.2	923.6	514
Peanut	39.6	902.6	544
Rapeseed	37.0	911.5	519
Safflower	31.3	914.4	533
Sesame	35.5	913.3	533
Soybean	32.6	913.8	527
Sunflower	33.9	916.1	447

출처 : A. Demirbas / Progress in Energy and Combustion Science, 31, 466-487(2005)

표 4-9. Viscosity, density and flash point measurements of eight oil methyl esters.

Methyl source	Viscosity (mm^2/s(at 311K))	Density (kg/m^3(at 288K))	Flash point(K)
Cottonseed oil	3.69	880	437
Hazelnut kernel oil	3.59	860	401
Mustard oil	4.10	881	446
Palm oil	3.70	870	443
Rapeseed oil	4.63	885	428
Safflower oil	4.03	880	453
Soybean oil	4.08	885	447
Sunflower oil	4.22	880	443

A. Demirbas / Progress in Energy and Combustion Science 31 (2005) 466--487

식물유의 점도도 27.2~53.6 mm^2/s이나 식물유의 methyl ester는 3.59~4.63 mm^2/s로 에스테르교환반응을 거쳐 낮아진 것을 알 수 있다. 그러나 디젤에 비해서는 바이오디젤의 점도가 다소 높은 높다. 인화점도 에스테르 교환반응을 거쳐 낮아진 것을 알 수 있다.

Cetane number(CN)는 점화의 질을 결정하는 특성으로 CN이 증가하면 엔진에 주입된 연료의 점화를 쉽게 할 수 있는 것을 나타낸다. 따라서 CN은 디젤의 품질을 나타내는 중요한 변수로서 바이오디젤은 디젤보다 산소함량이 높아서 높은 CN을 가져서 엔진 운전이 부드러워지며 소음이 적게 생긴다. 또한 지방산의 길이가 길면 포화된 분자가 많아지며 CN는 증가하게 된다. 동물 지방에서 생산된 바이오디젤의 CN는 식물유에서 생산된 바이오디젤보다 높다.(표 4-10, 11)

표 4-10. Comparisons of some fuel properties of vegetable oils and their esters with diesel fuel

Fuel type	Calorific value (MJ/kg)	Density (kg/m^3)	Viscosity at 300 K (mm^2/s)	Cetane number
NO.2 diesel fuel	43.4	815	4.3	47.0
Sunflower oil	39.5	918	58.5	37.1
Sunflower methyl ester	40.6	898	10.3	45.5
Cottonseed oil	39.6	912	50.1	48.1
Cottonseed methyl ester	40.6	874	11.1	45.5
Soybean oil	39.6	914	65.4	38.0
Soybean methly ester	39.8	872	11.1	37.0
Corn oil	37.8	915	46.3	37.6
Opium poppy oil	38.9	921	46.1	-
Rapeseed oil	37.6	914	39.2	37.6

출처 : A. Demirbas / Progress in Energy and Combustion Science, 31, 466-487(2005)

표 4-11. Fuel properties of methyl ester biodiesels

Source	Viscosity (g/mL at 288.7K)	Density (cSt at 313.2K)	Cetane number
Sunflower	4.6	0.880	49
Soybean	4.1	0.884	46
Palm	5.7	0.880	62
Peanut	4.9	0.876	54
Babassu	3.6	-	63
Tallow	4.1	0.877	58

출처 : A. Demirbas / Progress in Energy and Combustion Science, 31, 466-487(2005)

참고문헌

1. Yusuf Chisti, "Biodiesel from microalgae beats bioethanol", *Trends in Biotechnology,* 26(3), 126-131(2008)

2. Raul Munoz, Benoit Guieysse, "Algal-bacterial processes for the treatment of hazardous contaminants: A review", *Water Research*, 40, 2799-2815(2006)

3. Giulio Santori, Giovanni Di Nicola, Matteo Moglie, Fabio Polonara, "A review analyzing the industrial biodiesel production practice starting from vegetable oil refining", *Applied Energy*, 92, 109-132(2012)

4. Ayhan Demirbas, "Biodiesel production from vegetable oils via catalytic and non-catalytic supercritical methanol transesterification methods", *Progress in Energy and Combustion Science*, 31, 466-487(2005)

Chapter 5

바이오매스 에너지 생산에서 에너지 밸런스

1. 바이오디젤

연료의 energy ratio(E/R)는 그 연료 1kg을 생산하는데 소요된 비재생에너지의 양에 대한 그 연료가 가지고 있는 열량의 비를 의미한다. 때로는 Cumulative Energy Demand (CED)로 나타내기도 하는데 CED는 연료의 생애 전주기를 고려하여 측정된 값을 사용한다. E/R비는 문헌에서 연료의 생산과정의 효율성을 나타내는 지표로서 사용된다.

다양한 식물유들을 원료로 사용하여 바이오디젤이 생산되어지고 있으며 디젤엔진에서 잘 사용되고 있다. 그러나 예를 들어 sunflower oil과 soybean의 경우를 비교해 보면 soybean (약 18% 오일)이 sunflower (약 26% 오일)보다 오일함량이 낮지만 바이오디젤을 생산하는데 소요되는 에너지 소비가 적다. 표 5-1을 보면 soybean을 생산하는데 소요되는 에너지 총량은 3,746,000 Kcal 이고 표 5-2에서는 sunflower를 생산하는데 소요되는 에너지는 6,119,000 kcal로서 약 2배정도이다. 또한 바이오디젤을 생산하는데 소요되는 에너지는 표 5-3에서 soybean의 경우 11,878,000 kcal이고 표 5-4에서 sunflower를 이용하는 경우 19,599,000 kcal 이다. Soybean의 수확량은 2,668 kg/ha이고 sunflower의 수확량은 1,500 kg/ha 로서 단위면적당 수확량이 soybean이 높은 것을 알 수 있다. 따라서 전체적인 물질 수지 밸런스와 에너지 밸런스 측면에서 soybean을 사용하는 것이 우수하다는 것을 알 수 있다.

표 5-1. Energy Inputs and Costs in Soybean Production Per Hectare in the U.S.

Inputs	Quantity	kcal × 1,000	Costs $
Labor	7.1 h	284	92.30
Machinery	20 kg	360	148.00
Diesel	38.8 L	442	20.18
Gasoline	35.7 L	270	13.36
LP gas	3.3 kg	25	1.20
Nitrogen	3.7 kg	59	2.29
Phosphorous	37.8 kg	156	23.44
Potassium	14.8 kg	48	4.59
Lime	4,800 kg	1,349	110.38
Seeds	69.3 kg	554	48.58
Herbicides	1.3 kg	130	26.00
Electricity	10 kWh	29	0.70
Transport	154 kg	40	46.20
Total		3,746	$537.22
Sunflower yield	2,668 kg/ha	9,605	kcal input: output 1:2.56

출처 : David Pimente et al. / Natural Resources Research, 14(1), 65-76(2005)

표 5-2. Energy Inputs and Costs in Sunflower Production Per Ha in the U.S.

Inputs	Quantity	kcal × 1,000	Costs $
Labor	8.6 ha	344	111.80
Machinery	20 kg	360	148.00
Diesel	180 L	1,800	93.62
Nitrogen	110 kg	1,760	68.08
Phosphorous	71 kg	293	44.03
Potassium	100 kg	324	34.11
Lime	1,000kg	281	26.00
Seeds	70 kg	560	49.07
Herbicides	3 kg	300	60.00
Electricity	10 kWh	29	0.70
Transport	270 kg	68	81.00
Total		6,119	$601.61
Sunflower yield	1,500 kg/ha	4,650	Kcal input: output 1 : 0.76

출처 : David Pimente et al. / Natural Resources Research, 14(1), 65-76(2005)

표 5-3. Inputs Per 1,000 kg of Biodiesel Oil From Soybeans

Inputs	Quantity	kcal × 1,000	Costs $
Soybeans	5,556 kg	7,800	1,117.42
Electricity	270 kWh	697	18.90
Steam	1,350,000 kcal	1,350	11.06
Cleanup water	160,000 kcal	160	1.31
Space heat	150,000 kcal	152	1.24
Direct heat	440,000 kcal	440	3.61
Losses	300,000 kcal	300	2.46
Stainless steel	11 kg	158	18.72
Steel	21 kg	246	18.72
Cement	56 kg	106	18.72
Total		11,878	$1.212.16

출처 : David Pimente et al. / Natural Resources Research, 14(1), 65-76(2005)

표 5-4. Inputs Per 1,000 kg of Biodiesel Oil From Sunflower

Inputs	Quantity	kcal × 1,000	Costs $
Soybeans	5,556 kg	15,990	1,570.20
Electricity	270 kWh	697	18.90
Steam	1,350,000 kcal	1,350	11.06
Cleanup water	160,000 kcal	160	1.31
Space heat	150,000 kcal	152	1.24
Direct heat	440,000 kcal	440	3.61
Losses	300,000 kcal	300	2.46
Stainless steel	11 kg	158	18.72
Steel	21 kg	246	18.72
Cement	56 kg	106	18.72
Total		19,599	$1,662.48

출처 : David Pimente et al. / Natural Resources Research, 14(1), 65-76(2005)

Soybean을 이용한 바이오디젤 생산과정의 에너지 수지에 대한 분석을 하면 그림 5-1에 요약되어 있다. 5,556 kg의 soybean을 생산하기 위해서는 7,800,000 kcal의 에너지가 투입된다. 태양에너지가 바이오매스 에너지로 전환되지만 에너지 수지에 포함되지 않는다. 5,556 kg의 soybean을 1,000 kg의 바이오디젤로 전환하는

데 3,609,000 kcal의 에너지가 사용되며 따라서 총 에너지 투입량은 11,409,000 kcal가 된다. 1,000 kg의 바이오디젤이 가지는 에너지는 9,000,000 kcal로 energy ratio를 계산할 수 있다.

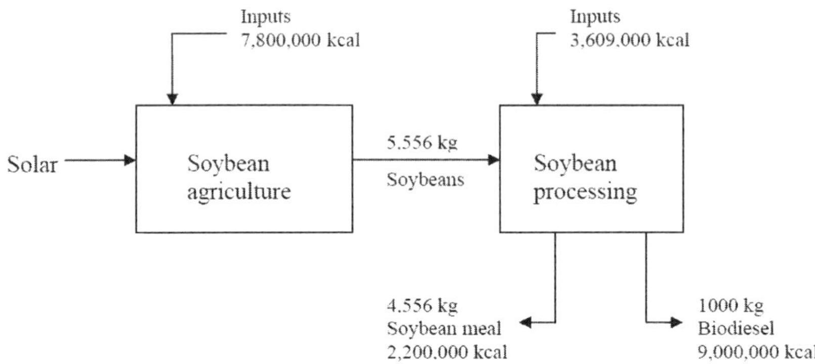

그림 5-1. Energy balance for 1,000 kg of biodiese

Soybean을 원료로 생산한 바이오디젤의 energy ratio는 아래와 같이 계산할 수 있다

$$\frac{7,800,000 + 3,609,000}{9,000,000} = 1.27$$

Energy ratio 1.27의 의미는 생산과정에서 투입된 에너지가 생산된 바이오디젤의 에너지함량 보다 27% 많다는 것을 의미한다. 다시 말해서 바이오디젤을 생산하기 위해 더 많은 에너지를 사용한다는 의미이다. 그러나 이 계산은 부산물로 발생한 4,556 kg의 soybean을 고려하지 않은 결과이다. 부산물이 가지고 있는 에너지량 2,200,000 kcal를 고려한다면 아래와 같이 다시 계산할 수 있다.

$$\frac{7,800,000 + 3,609,000 - 2,200,000}{9,000,000} = 1.02$$

새로운 계산을 통해 얻은 energy ratio는 1.02로 바이오디젤 생산을 위해 투입된 에너지는 생산된 바이오디젤이 가지고 있는 에너지 보다 2% 더 많다는 것을 의미한다.

2. 바이오에탄올

가. 에너지 밸런스

바이오매스(corn, switchgrass, wood cellulose)를 원료로 이용하여 에탄올 생산에 대한 에너지밸런스를 위해서는 원료인 바이오매스의 경작에서부터 에탄올 생산에 이르기까지 전 과정에 대한 검토가 필요하다. 표 5-5를 보면 corn으로부터 99.5% 에탄올 1,000 L를 생산하기 위해서 투입되는 에너지의 양을 나타내고 있다. 1,000 L의 에탄올을 생산하기 위해서는 2,690 kg의 corn 수확이 필요하고 수송에서부터 생산에 관여된 전 과정에서 소요되는 에너지는 6,597,000 kcal 로 계산하고 있다.

표 5-5. Inputs Per 1,000 L of 99.5% Ethanol Produced From Corn

Inputs	Quantity	kcal × 1,000
Corn grain	2,690	2,522
Corn transport	2,690	322
Water	40,000	90
Stainless steel	3	12
Steel	4	12
Cement	8	8
Steam	2,546,000	2,546
Electricity	392	1,011
95% ethanol to 99.5%	9	9
Sewage effluent	20	69
Total		6,597

출처 : David Pimente et al. / Natural Resources Research, 14(1), 65-76(2005)

표 5-6. Inputs Per 1,000 L of 99.5% Ethanol Produced From U.S. Switchgrass

Inputs	Quantities	kcal ×1,000
Switchgrass	2,500 kg	694
Transport, switchgrass	2,500 kg	300
Water	125,000 kg	70
Stainless steel	3 kg	45
Steel	4 kg	46
Cement	8 kg	15
Grind switchgrass	2,500 kg	100
Sulfuric acid	118 kg	0
Steam production	8.1 tons	4,404
Electricity	660 kWh	1,703
Ethanol conversion to 99.5%	9 kcal/L	9
Sewage effluent	20 kg(BOD)	69
Total		7,455

출처 : David Pimente et al. / Natural Resources Research, 14(1), 65-76(2005)

원료를 switchgrass로 사용할 경우 에탄올 생산과정에서 투입되는 에너지 총량이 표 5-6에 정리되어 있다. 1,000L의 에탄올을 생산하기 위해서는 2,500 kg의 swichgrass가 필요하며 수확된 바이오매스의 수송에서부터 생산까지 전과정에 투입되는 에너지 총량은 7,455,000 kcal로 계산되고 있다.

표 5-7. Inputs per 1,000 L of 99.5% ethanol produced from lignocellulosic biomass

Inputs	Quantities	kcal ×1,000
Wood, harvest(fuel)	2,500 kg	400
Machinery	5 kg	100
Replace nitrogen	50 kg	800
Transport, wood	2,500 kg	300
Water	125,000 kg	70
Stainless steel	3 kg	45
Steel	4 kg	46
Cement	8 kg	15
Grind switchgrass	2,500 kg	100
Sulfuric acid	118 kg	0
Steam production	8.1 tons	4,404
Electricity	666 kWh	1,703
Ethanol conversion to 99.5%	9 kcal/L	9
Sewage effluent	20 kg(BOD)	69
Total		8,601

출처 : David Pimente et al. / Natural Resources Research, 14(1), 65-76(2005)

표 5-7은 lignocellulosic biomass에서 에탄올 생산에 투입되는 총 에너지를 보여주고 있다. 1,000 L의 에탄올을 생산하기 위해서는 2,500 kg의 wood cellulose가 필요하며 수확을 위한 장비 및 수송을 포함해서 생산까지 전 과정에서 투입되는 에너지의 총량은 8,061,000 kcal로 계산하고 있다. 원료에 따른 투입되는 에너지의 총량을 비교해보면 corn을 원료로 사용하는 경우에 전 과정에서 투입되는 에너지의 총량이 상대적으로 적다는 것을 알게 된다.

나. Energy ratio

바이오에탄올에 대한 Energy ratio는 원료에 따라 생산공정이 다르기 때문에 생산과정에 투입되는 에너지의 양도 다르다. 많은 연구자들이 측정한 자료들이 문헌에 발표되고 있는데 결과를 종합하면 그림 5-2와 같다. Sugarbeet을 원료로 사용하여 바이오에탄올을 생산할 경우 문헌에 발표된 energy ratio는 1.18∼2.5이고 Lignocellulosic biomass를 원료로 사용할 경우 energy ratio는 1.8∼4.3 이다. Cereals를 원료로 사용하는 경우에는 energy ratio가 1.08∼2.25 이고 corn을 사용할 경우 0.69∼2.51 이다.

그림 5-2에서 energy ratio의 산술 평균값을 비교해보면 모든 원료에서 생산된 에탄올의 에너지 밀도가 같다면 corn을 원료로 사용하였을 경우 바이오에탄올 생산과정에서 투입되는 에너지의 양이 비교적 적다는 것을 알 수 있다. Cereal과 sugarbeet을 원료로 사용하였을 경우가 생산과정에서 투입되는 에너지의 양이

서로 유사한 것을 알 수 있고, lignocellulosic biomass를 원료로 사용하였을 경우가 생산과정에서 소요되는 에너지의 양이 가장 많은 것을 알 수 있다.

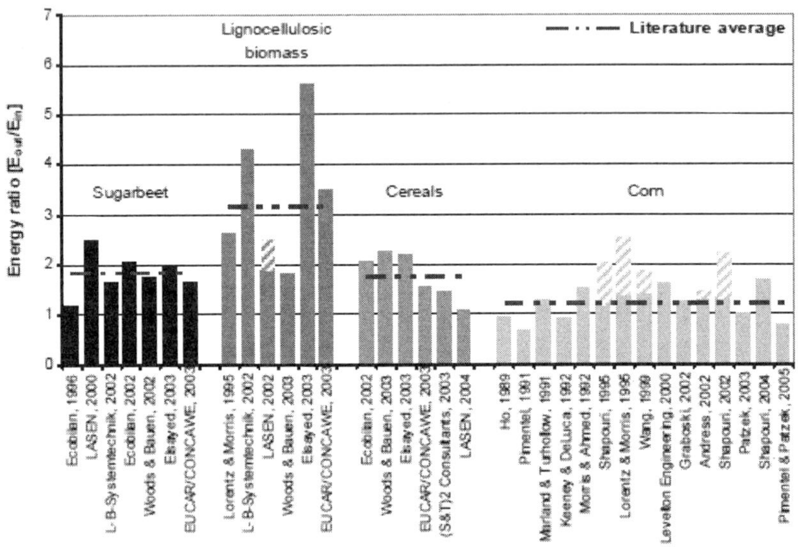

그림 5-2. Energy ratio (E/R) of fuel bio-ethanol

출처 : E. Gnasounou / ENERGY BALANCE OF BIOETHANOL: A SYNTHESIS

Lignocellulosic biomass를 원료로 사용할 경우 에탄올 발효를 위하여 원료의 가수분해를 위한 전처리가 필요할 것으로 생각되며 이 과정에서 에너지 투입이 많을 것이다. 따라서 바이오에탄올이 가지는 에너지보다 생산 과정에서 에너지의 투입이 많을 것으로 보아 논란을 일으킬 수 있다.

그림 5-2에서 나타난 바이오에탄올의 energy ratio를 보면 원료에 따라 다른 것을 알 수 있고, 또한 같은 원료를 사용한 경우

에도 연구자에 따라 다른 것을 알 수 있다. 그 이유는 전 과정 분석(Life Cycle Analysis)에서 전체 시스템이 다르게 정의 되었거나 같은 시스템 내에서도 분석방법의 차이로 인한 결과인 것으로 추정된다. 그러나 중요한 것은 바이오에탄올의 energy ratio가 1보다 크게 나왔다는 것이고, 그것은 연료 생산과정에서 투입된 에너지가 연료가 가지는 에너지 보다 높다는 것을 의미한다.

참고문헌

1. Pimentel D., "Ethanol fuels: energy security, economics, and the environment", *Jour. Agri. Environ. Ethics*, Vol. 4, pp. 1-13.(1991)

2. Pimentel D. & Pimentel M., Food, energy and society. Colorado University Press(1996)

3. Pimentel D., "Energy and dollar costs of ethanol production with corn", M. King Hubbert Center for Petroleum Supply Studies, Newsletter 98/2, Colorado School of Mines, US(1998)

4. Pimentel D., "Limits of biomass utilization", *Encyclopedia of Physical Science and Technology*, Vol. 2, pp. 159-171, New-York Academic Press(2002)

5. Pimentel D., et al., "Renewable energy: Current and potential issues", In *BioScience*, 52: (12), pp.1111-1120 (2002)

6. Pimentel D., "Ethanol fuels: Eergy balance, economics, and environmental impacts are negative", *Nat. Resources Res.*, Vol. 12, No. 2, pp. 127-134(2003)

7. Pimentel D. & Patzek T., " Ethanol production using corn, switchgrass, and wood; Biodiesel production using soybean and sunflower", *Nat. Resources Res.*, Vol. 14, No. 1, pp. 65-76(2005)

8. Patzek T., "Ethanol from corn: clean renewable fuel for the future, or drain on our resources and pockets?", *Nat. Resources Res*(2003)

9. Patzek T., "Thermodynamics of the cornethanol biofuel cycle", *Critical Reviews in Plant Sciences*, Vol. 23, No. 6, pp. 519-567(2004)

10. Shapouri H., et al., "Estimating the net energy balance of corn ethanol", U.S. Department of Agriculture (USDA), Economic Research Service, Agricultural Economic Report No. 721. 11. (1995)

11. Shapouri H., et al., "The energy balance of corn ethanol: an update", USDA, Agricultural Economics Report No. 813, 14 p.(2002)

12. Shapouri H., et al., "The 2001 net energy balance of corn-ethanol (preliminary)" US Department of Agriculture (USDA)(2004)

13. Wang M., et al., "Effects of fuel ethanol use on fuel-cycle energy and greenhouse gas emissions", USDOE Argonne National laboratory, Center for Transportation Research, Argonne, IL.(1999)

14. Graboski M. & McClelland J.. "A rebuttal to 'Ethanol Fuels: Energy, Economics and Environmental Impacts by David Pimentel", *International Sugar Journal,* 104: (1240). 162-163(2002)

15. Graboski M., "Fossil energy use in the manufacture of corn ethanol", Prepared for the NCGA. Colorado School of Mines, US(2002)

16. Wang M. (2005). "Energy and greenhouse gas emissions impacts of fuel ethanol", NGCA Renewable Fuels Forum, August 23, 2005.

17. Ho S.P., "Global warming impact of ethanol versus gasoline", Presented at the 1989 National Conference ""Clean air issues and America"s motor fuel business"", Washington DC.(1989).

18. Marland G. & Turhollow A.F., "CO_2 emissions from the production and combustion of fuel ethanol from corn", Oak Ridge National Laboratory. Report No. 3301. (1990)

19. Keeney D.R. & DeLuca T.H., "Biomass as an energy source for the mid-western US", *Amer. J. Alternative Agric.,* Vol. 7, pp. 137-143(1992)

20. Morris D. & Ahmed I., "How much energy does it take to make a gallon of ethanol?" Institute for Self Reliance, US(1992)

21. Lorenz D. & Morris D. "How much energy does it take to make a gallon of ethanol? Updated and revised". Institute for Local Self-Reliance, US.(1995)

22. Levelton Engineering Ltd., "Assessment of net emissions of greenhouse gases from ethanol-gasoline blends in Southern Ontario",(2000)

23. Levelton Engineering Ltd., "Assessment of net emissions of greenhouse gases from ethanol-gasoline blends in Canada: lignocellulosic feedstocks".(2000)

24. $(S\&T)^2$ Consultants Inc., "The addition of ethanol from wheat to GHGenius", (2003)

25. L-B-Systemtechnik., "Well-to-wheel analysis of energy use and greenhouse gas emissions of advanced fuel/vehicle systems: A European study",(2002)

26. Woods J. & Bauen A. "Technology status review and carbon abatement potential of renewable transport fuels in the UK.", Centre for Energy Policy and Technology, Imperial College, London, UK.(2003)

27. Macedo I., "Assessment of greenhouse gas emissions in the production and use of fuel ethanol in Brazi"l. Government of the State of São Paulo, BR. (2004).

28. Ecobilan, Ecobilan de l'ETBE de betterave. Prepared for ADEME, CGB and SNPAA, France.(1996)

29. Ecobilan, Energy balances and GHG of motor biofuels production pathways in France. Prepared for ADEME and DIREM, by Ecobilan PWC, France.(2002)

30. LASEN, Caractérisation de filières de production de bioéthanol dans le contexte helvétique. Swiss Federal Office of Energy, CH.(2000)

31. LASEN, Etude comparative de carburants par analyse de leur cycle de vie. Alcosuisse, CH.(2002)

32. LASEN, Etude comparative de carburants par analyse de leur cycle de vie. Alcosuisse, CH.(2004)

33. Elsayed M.A. et al., "Carbon and energy balances for a range of biofuels options", Prepared for the Department of Trade & Industry. Sheffield Hallam University, UK.(2003)

34. EUCAR/CONCAWE., Well-to-wheels analysis of future automotive fuels and powertrains in the European context. EUCAR, CONCAWE & JRC of the European Commission.(2003)

35. Andres D., Ethanol energy balances. David Andres & Associates, Inc.(2002).

36. Frischknecht R., et al. "The ecoinvent database: Overview and methodological framework". In Int. J. LCA 10 (1) pp. 3-9, Oct. 2004

찾아보기

저자소개

박 대원

■ 학 력
- 학사 : 홍익대학교 화학공학과 학사, 1980년
- 석.박사 : 미국 New Jersey Institute of Technology 화학공학 박사, 1988년

■ 경 력
- Michigan State University, 객원조교수 (1989 - 1991)
- 한국과학기술연구원 책임연구원 및 수질환경및복원연구센터장 (1991 - 2005)
- 현재 서울과학기술대학교 에너지환경대학원 에너지환경공학과 교수 재직 중 (2005 - 현재)
- 현재 에너지환경대학원장 재직중 [2012년부터 - 현재]

■ 주요 연구분야 : 에너지환경, 에너지회수기술
- 신재생에너지(바이오에너지, 폐기물에너지 등)기술, 수소제조 기술 등.

바이오매스의 에너지 변환기술

A-JIN

지은이와 협의 인지 생략

인 쇄	2013년 2월 10일
발 행	2013년 2월 15일
저 자	박 대원
발 행 처	도서출판 아진 135-010 서울시 강남구 논현동 148-19 한미빌딩 201호 TEL:02-737-0663 FAX:02-737-0664 Homepage:ajin.to E-mail:kgb@ajin.to
발 행 인	김 근 배
등록번호	제300-1995-56호
I S B N	978-895761-345-0 93530

가격 20,000원